# MATLAB 光学仿真
# 实用教程

屈玉福　陈沛戎　著

电子工业出版社·

**Publishing House of Electronics Industry**

北京·BEIJING

## 内 容 简 介

本书主要围绕物理光学的内容，介绍使用 MATLAB 科学计算软件进行光的传播、干涉、衍射、偏振和傅里叶光学等内容的仿真。本书共 7 章。第 1 章和第 2 章介绍 MATLAB 的基础知识；第 3 章介绍光的电磁理论基础与仿真；第 4 章介绍 MATLAB 在光的干涉理论中的应用，包含多个干涉模型的仿真演示；第 5 章介绍 MATLAB 在光的衍射理论中的应用，包含多个衍射模型的仿真演示；第 6 章介绍 MATLAB 在光的偏振理论中的应用；第 7 章介绍 MATLAB 在傅里叶光学中的应用。

本书可用作高等院校光学、光学工程、光电信息科学与工程等相关专业本科生及研究生学习专业知识的辅导教材、参考书和仿真辅助教材，也可供相关专业的教师和科技工作者参考。

**图书在版编目（CIP）数据**

MATLAB 光学仿真实用教程 / 屈玉福，陈沛戎著. —北京：电子工业出版社，2022.10
ISBN 978-7-121-44274-2

Ⅰ. ①M…　Ⅱ. ①屈…　②陈…　Ⅲ. ①Matlab 软件－应用－光学－计算机仿真－教材
Ⅳ. ①O43-39

中国版本图书馆 CIP 数据核字（2022）第 163327 号

责任编辑：米俊萍　　文字编辑：靳　平
印　　刷：北京天宇星印刷厂
装　　订：北京天宇星印刷厂
出版发行：电子工业出版社
　　　　　北京市海淀区万寿路 173 信箱　　邮编：100036
开　　本：720×1000　1/16　印张：13　　字数：243 千字
版　　次：2022 年 10 月第 1 版
印　　次：2022 年 10 月第 1 次印刷
定　　价：65.00 元

凡所购买电子工业出版社图书有缺损问题，请向购买书店调换。若书店售缺，请与本社发行部联系，联系及邮购电话：(010) 88254888，88258888。

质量投诉请发邮件至 zlts@phei.com.cn，盗版侵权举报请发邮件至 dbqq@phei.com.cn。

本书咨询联系方式：mijp@phei.com.cn。

# 前　言

MATLAB 是由美国 MathWorks 公司出品的商业科学计算软件，具有编程简单易懂、数据可视化和操作简单等特点，主要用于数据分析、无线通信、深度学习、图像处理、信号分析、控制系统和计算机视觉等领域，现已成为国际公认的优秀科技应用软件之一。MATLAB 主要面对科学计算、可视化及交互式程序设计，可以将数值分析、矩阵计算及非线性系统的建模与仿真等诸多强大的功能集成在一个易于使用的视窗环境中。本书主要介绍如何应用 MATLAB 来完成物理光学内容的编程与仿真，并针对光的电磁特性、干涉、衍射、偏振和傅里叶变换性质等给出具体实例演示，帮助读者更好地理解光的物理本质。

本书围绕物理光学主要内容，结合常见物理光学模型、公式计算和仿真结果进行讨论，使枯燥无味的光学知识变得更为直观，从而能够帮助读者更好地掌握光学知识，并且学会 MATLAB 语言编程。另外，本书 MATLAB 代码及仿真图中的物理量符号等未做标准化处理。

本书的主要特点可以概括为以下几点。

## 1. 结构清晰，由浅入深

全书结构清晰明了，首先介绍 MATLAB 语言的相关知识及如何安装 MATLAB 软件，之后开展针对光的电磁特性、干涉、衍射、偏振和傅里叶特性的讨论。讨论过程中的实例是从简单的逐步变为复杂的，使读者从中理解其本质，并提升编程能力。

## 2. 紧扣专业知识

本书对过于复杂的理论及算法只做简单介绍，重点放在对 MATLAB 的理解和仿真上。根据专业课程的要求，本书挑选合适的实例，让读者在实例中体会变量的运算及变化，并学会如何自己编写和使用 MATLAB 中的函数。

### 3．结果讨论丰富

在本书实例后面是结果讨论环节。该环节基于理论模型的特点，对模型中的某个变量进行修改，并在修改参数之后重现仿真结果，使读者深刻体会参数变化对于仿真结果的影响。另外，本书编写的 MATLAB 代码简单易懂，使读者易于掌握 MATLAB 编程思路，并提高编程水平。

本书全部实例代码可在华信教育资源网（https://www.hxedu.com.cn/）下载。

由于作者水平有限，书中难免存在错误和疏漏之处，恳请广大读者和同行批评指正。

作　者

# 目　　录

# 第1章 MATLAB 软件简介

MATLAB 是由美国 MathWorks 公司出品的商业科学计算软件，主要用于数据分析、无线通信、深度学习、图像处理、信号分析、控制系统和计算机视觉等领域。其名称意为矩阵工厂，主要面对科学计算、可视化以及交互式程序设计，可以将数值分析、矩阵计算以及非线性系统的建模与仿真等诸多强大的功能集成在一个易于使用的视窗环境中。其优势在于可以使用高效的数值计算和符号计算功能减轻用户进行繁杂数学运算的压力，同时具备完备的图形处理功能，将计算的结果和编程可视化。

MATLAB 在使用上十分简易，是一个高级的矩阵语言，包含控制语句、函数、数据结构和面向对象编程环境。用户可以在窗口中直接输入语句执行命令，也可以事先编写好一个较大的复杂程序运行。其语法特征与 C++语言类似，且更为简单，符合科技人员对数学表达式的书写格式，因此 MATLAB 能够深入各个学科和各个领域的研究和计算中。

## 1.1 MATLAB 的下载与安装

MATLAB 的下载地址为 MATLAB 的官网。在浏览器中输入该网址即可跳转到 MATLAB 官网首页，如图 1-1 所示。

MATLAB 官网主要介绍了 MATLAB 在人工智能、系统设计与仿真、无线通信和电子控制设计等方面的使用，同时提供了在统计学、信号处理、数字图像处理等方面的产品和服务。

将 MATLAB 官网首页拉到最下方，可以看到 MATLAB 可以试用或者购买。如果是学生，可以选择 MATLAB 学生版软件进行下载。MATLAB 学生版软件的界面如图 1-2 所示。

图 1-1　MATLAB 官网首页

图 1-2　MATLAB 学生版软件的界面

　　在图 1-2 所示的界面，单击"查询校园授权"按钮，跳转到查询授权资格界面，如图 1-3 所示。在这里可以通过输入所在大学的信息和大学的邮箱，来查询是否有资格使用 MATLAB 学生版软件。稍等几分钟即可在所填的大学邮箱中获得查询授权资格的结果，若获得授权资格，则可以按照 MATLAB 官网的提示进行下一步的下载与安装；若未获得授权资格，则说明所在的大学暂时无法使用 MATLAB。

　　在 MATLAB 官网首页的最下方还有"试用软件"按钮。单击"试用软件"按钮即可跳转到获取试用软件的界面，如图 1-4 所示。

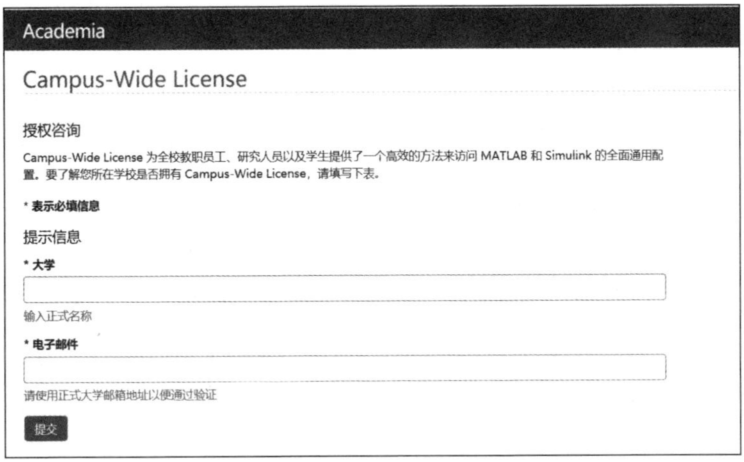

图 1-3　查询授权资格界面

图 1-4　获取试用软件的界面

　　输入所在大学的邮箱之后填写实际情况，即可在所填的邮箱中收到验证电子邮件，在验证电子邮件中注册 MATHWORK 账户，之后便可下载试用的 MATLAB 进行使用。

## 1.2　MATLAB 基础知识

　　在之前的简要介绍中，大家已知 MATLAB 是一个进行数值计算的交互系统，它能将科研工作者从大量的与求解数值有关的任务中解放出来，可以通过编写一两行的代码来进行高效的操作，其本身还具有极好的图形性能，方便将计算的结果进行可视化。接下来主要介绍一下在光学仿真中常用的 MATLAB 基础知识，主要包括数值计算、数字与格式、变量、内置函数、向量和绘图函数，掌握这些基础知识就能够完成光学仿真代码的编写，从而观察仿真的结果。

## 1.2.1　MATLAB 的数值计算

MATLAB 首先是一个数值计算的交互系统，其最基本的能力是完成各种数学运算，其中最为基础的数学运算是加、减、乘、除、乘方。这些运算在 MATLAB 中的符号分别为+、−、*、/、^。这些符号通常与圆括号一起使用。符号^主要用于获得乘方运算的结果，如 2^4 表示 2 的 4 次方的结果，即 2^4=16。

在 MATLAB 中显示有>>的命令提示符处输入：

```
>>2+3/4*5
ans =
    5.7500
>>
```

得到的计算结果为 5.7500。在实际运算中，大家知道是先算乘、除，后算加、减，即先计算 3 除以 4 的结果，再将其乘以 5 之后，再加 2。在 MATLAB 中这样的算法也是适用的。MATLAB 按照以下的优先级对一个式子进行运算。

首先进行括号中的式子的运算，与我们实际运算中的习惯相同；接着进行指数的运算，即计算乘方的式子，如 2+3^2=2+9=11；再进行乘、除的运算，如果有多个乘、除符号，就遵循从左往右运算的原则，如 3*4/5=12/5；最后进行加、减的运算，同样，如果有多个加、减符号，就遵循从左往右运算的原则，如 3+4−5=7−5=2。

## 1.2.2　MATLAB 的数字和格式

MATLAB 作为数值计算的工具，需要在输入框中输入数据，并且编写算法进行计算。输入的数据可以是一些不同种类的数值，主要包括整数、实数、复数、无穷数和非数值。

在 MATLAB 中，整数可以是 1362、–2156 这样的数值，实数可以是 1.256、–9.88 这样的数值，复数的表示方法和实际使用过程中一致。一个复数由实数部分和虚数部分组成，虚数部分使用虚数单位 i（i=$\sqrt{-1}$）来区分，如一个虚数为 3+2i，其中 3 为实数部分，2i 为虚数部分。无穷表示一个无穷大的数值，如一个非零常数除以 0 得到的结果为无穷。非数值则表示一个没有意义的数值，如一个 0 除以 0 得到的结果为非数值。

对于一些比较大的数值，MATLAB 常常会使用一个带"e"的符号来显示。符号"e"常常用于表示一个非常大或非常小的数值，其用法与科学记数法相同，例如，1.34e+3=1.34*10^3=1340；1.34e-1=1.34*10^-1=0.134。

在 MATLAB 中，都是以双精度浮点数来进行计算的，这也就意味着计算结果大约有 15 位有效数字。输出的计算结果可以通过"format"命令来控制。当输入"format short"时，输出的计算结果保留 4 位小数，如输出 10 倍的圆周率为 31.4162。当输入的命令为"format short e"时，输出的计算结果使用科学记数法的方式，保留 4 位小数，如 3.1416e+01。当输入的命令为"format long e"时，输出的计算结果同样使用科学记数法的方式，只不过保留更多的有效数字，如 3.141592653589793e+01。当输入的命令为"format bank"时，输出的计算结果保留更少的有效数字，如 31.42。通过控制输出的有效数字的设定可以输出不同格式计算结果，方便科研工作者进行数据的记录和统计。

## 1.2.3　MATLAB 的变量

首先在 MATLAB 中进行如下运算，输入 3-2^4，得到运算结果，再将运算结果乘以 5 得到一个新的运算结果。

```
>> 3-2^4
ans =
    -13
>> ans*5
```

```
    ans =
        -65
```

在第一次的运算中，计算结果被 MATLAB 标记为了"ans"，并且在第二次的运算中，被标记为"ans"的数值参与运算。这个"ans"的具体数值被改变。也就是说，这个"ans"是一个变量，可以用于储存不同的数值，用户可以自己定义一个变量的名称，并且通过"="来对变量进行赋值，例如：

```
    >> x = 3-2^4
    x =
        -13
    >> y = x*5
    y =
        -65
```

经过这样的操作之后，$x$ 被赋予-13，$y$ 被赋予-65，这些变量可以在随后的计算中被用到，用来代替某些数值进行运算。

对于一个变量，首先需要给其赋予一个合法的变量名。合法的变量名可以由任何字母和数字组合而成，并且由字母开头，如 x3、y1、qq 等，而非法的变量名如 2p、33n 等。在选择变量名时，应该尽可能避免具有特殊意义的名称，例如，pi=3.14159…=$\pi$，因此避免用 pi 作为变量的名称。

## 1.2.4　MATLAB 的内置函数

MATLAB 是一个强大的数学运算工具，可以对各种不同的数值进行精确的计算。为了达到更加高效的处理数字运算的目的，MATLAB 的开发者在其中设定了内置函数，它是一类比较特殊的底层函数，一般不是由 MATLAB 语言编写而成，可以通过输入其函数名以及所使用的变量来完成对应的运算，极大地减少了编写具体计算方法的工作量。

最常见也是最经常使用的内置函数为三角函数，即 $y=\sin x$、$y=\cos x$ 和 $y=\tan x$。在 MATLAB 中，角的度量单位为弧度。角度制和弧度制是度量角度大小时所使用的两种不同的方式。角度制使用度、分、秒为单位来测量一个角的大小，规定一个周角的 1/360 为 1 度。度、分与秒之间的换算关系均为六十进制。弧度制使用弧长与半径的比来度量圆心角，并用符号 rad 表示。弧长等于半径的圆弧所对应的圆心角为 1 弧度。由换算关系可以推出，1 弧度约等于57.3 度，即 1rad≈57.3°。弧度制的精髓就在于统一了度量弧与角的单位，大大简化了有关的公式和计算量。因此在 MATLAB 的使用中，常常需要把习惯的角度转化为弧度输入公式中进行计算，才能得到正确的计算结果。例如：

```
>> x = 5*cos(pi/6), y = 5*sin(pi/6)
x =
    4.3301
y =
    2.5000
```

如果要使用角度计算，需要引用函数名不同的三角函数，分别为 sind、cosd 和 tand。除三角函数之外，MATLAB 还内置了反三角函数，分别是反正弦函数 asin、反余弦函数 acos 和反正切函数 atan。它们分别是正弦函数、余弦函数和正切函数的反函数，可以用于在已知三角函数值的情况下得到角度的大小，其对应的角度单位为弧度。例如，使用上面的三角函数结果 $x$ 和 $y$ 做测试，输入：

```
>> acos(x/5), asin(y/5)
ans =
    0.5236
ans =
    0.5236
>> pi/6
ans =
    0.5236
```

即可得到对应的角度大小。

除此之外，MATLAB 还包含许多其他的初等函数，如 sqrt、exp、log 等。其中，sqrt 是开算数平方根的函数，即将一个数输入该函数中，就可以得到这个数的算数平方根，例如：

```
>> x = 9
>> sqrt(x)
ans =
    3
```

函数 exp 是一种指数函数，是求以 e 为底数、$x$ 为指数的幂的函数，例如：

```
>> x = 9
>> exp(x)
ans =
    8.1031e+03
```

函数 log 为 $e^x$ 的反函数，在其中输入一个大于 0 的数，即可得到指数的值，例如：

```
>> x = 9
>> log(sqrt(x))
ans =
    1.0986
```

在 MATLAB 中进行数值计算时，可以直接引用这些函数对数值进行处理。在编写 MATLAB 代码时，也可以使用这些函数处理的结果作为中间数值，待完成全部的计算之后再将最后的结果输出，这样可以使得 MATLAB 代码简洁又高效。

## 1.2.5  MATLAB 的向量

在数学中，向量指的是具有大小和方向的量，可以形象化地表示为一个带有箭头的线段，箭头的方向表示的是向量的方向，而线段的长度就代表向量的大小。向量的概念在线性代数中经过抽象化之后，得到了更为一般的诠释。在学习向量的同时往往会学习到矩阵。矩阵指的是一个按照长方形阵列排列的复数或者实数的集合，最早是由方程组的系数及常数所构成的方阵。在数学的运算中常常见到矩阵，如应用数学学科中的统计分析、物理学中的力学、计算机科学中的动画制作等。在其他学科的学习中，可以将一些数据按照某种方式记录下来，记为一个向量，通过不同的向量相互组合，可以得到一个矩阵，对矩阵进行各种运算得到数据的处理结果。

作为一个高效的数值计算器，MATLAB 也支持向量的运算。同时，MATLAB 包含矩阵运算的内置函数，因此可以完成科研工作中的所有对于矩阵的操作。在科研过程中所用到的公式都可以在 MATLAB 中编写出来，因此只要在 MATLAB 中确定输入的数据和运算规律，运行 MATLAB 代码即可得到结果。

向量通常有两种形式，分别称为行向量和列向量。行向量表示的是一个 $1 \times n$ 阶的矩阵，所包含的元素组成一行。列向量则与行向量相反，表示的是一个 $n \times 1$ 阶的矩阵，所包含的元素排成一列。

在 MATLAB 中可以将一系列的元素通过空格隔开，并将所有的元素用方括号封闭起来表示一个向量，这些元素的个数称为向量的长度，例如：

```
>> v = [1, 3, sqrt(5)]
v =
     1.0000 3.0000 2.2361
>> length(v)
ans =
     3
```

通过输入向量的元素以及对应的赋值向量的操作得到一个向量长度为 3 的行向量。在这个赋值的过程中，空格十分重要，如果不严格按照空格的规则去赋值向量，将得到一个错误的向量，影响向量长度以及每个元素的准确值，并在运算的过程中会得到错误的结果。

在 MATLAB 中还能对向量进行特定的数学运算。例如：

```
>> v2 = [7 5]
v2=
     7 5
>> v3 = [3 4 5]
v3 =
     3 4 5
```

对通过赋值得到两个向量 v2 和 v3 进行数学运算，例如，对 v 和 v3 进行加的操作：

```
>> v + v3
ans =
     4.0000 7.0000 7.2361
```

还可以对 v 向量进行数乘的运算：

```
>> v4 = 3*v
v4 =
     3.0000 9.0000 6.7082
```

MATLAB 可以将对向量的加运算和数乘运算结合起来完成更为复杂的计算，并得到正确的结果。

```
>> v5 = 2*v −3*v3
v5 =
     −7.0000 −6.0000 −10.5279
```

因此在科研及数学计算时，可以根据推导的公式或者实验数据处理的方法在 MATLAB 中编写相对应的 MATLAB 代码，并输入在实验中所获得的数据，运行该 MATLAB 代码即可得到结果。

但是当对向量长度不同的向量进行运算时，MATLAB 将会报错，例如：

```
>> v + v2
```

MATLAB 报错，说明对应的向量长度不同。在 MATLAB 中，长度不同的向量不能进行加、减运算，因此在输入数据时需要统一向量的长度，以免处理过程中报错。

在 MATLAB 中，还可以使用冒号的方式输入行向量，这样可以简单快捷地得到所需要的行向量，常常用于定义函数的横坐标向量，例如：

```
>> 1:4
ans =
     1 2 3 4
```

```
>> 3:7
ans =
    3 4 5 6 7
```

但是当输入 ">> 1:-1" 这样一个命令时，得到的是一个空向量，也就是没有完成对向量的赋值。一般地，如果输入的 MATLAB 代码为 "a:b:c"，MATLAB 将会自动生成一个初始元素为 a，增量为 b，直到最后一个元素最接近 c 为止的向量，例如：

```
>> 0.32:0.1:0.6
ans =
0.3200 0.4200 0.5200
>> -1.4:-0.3:-2
ans =
-1.4000 -1.7000 -2.0000
```

而当输入 "a:b" 时，MATLAB 将会自动生成一个初始元素是 a，增量为 1，最终的元素为 b 的向量。当输入 "1:-1" 时，MATLAB 并不能生成一个以 1 为增量，从 1 增加到-1 的向量，因此得到的是一个空向量。

得到向量之后，在进行数据处理时，往往有一些数据是不需要的，或者不在考虑范围之内，这时就要对向量进行截取，根据要求，选择出对应的元素组成一个新的向量，接着对新向量进行数学运算得到最终的计算结果。例如，首先使用冒号来生成一个向量：

```
>> r5 = [1:2:6, -1:-2:-7]
    r5 =
        1 3 5 -1 -3 -5 -7
```

如果想得到 r5 向量中的第三个元素，可以直接输入 "r5(3)" 来获取第三个元素的取值：

```
>> r5(3)
ans =
    5
```

如果想获取这个向量中的一系列元素，需要首先找到对应的元素位置的关系。例如，当想获取第三个到第六个元素时，可以同样使用冒号的方式来实现：

```
>> r5(3:6)
ans =
    5 -1 -3 -5
```

这样就可以实现获取不同位置处的向量元素。当需要每隔一个元素来选取元素组成新的向量时，可以类比冒号生成向量时的法则：

```
>>  r5(1:2:7)
ans =
    1 5 -3 -7
```

即可实现对向量从第一个元素开始，每隔一个元素之后将满足条件的元素单独选取出来组成新的向量。当需要对元素从后往前取出，即将元素的位数从高往低选取时，可以令冒号中间的数为负数，取到最后一个满足条件的元素停止：

```
>>  r5(6:-3:1)
ans =
    -5 5
```

向量还可以表示成列向量的形式。顾名思义，列向量中的所有元素按照从上到下的顺序排成一列。对于两个由相同元素按照相同顺序排列而成的行向量和列向量，两者是互为转置关系的，在 MATLAB 中可以使用符号"'"来对一个向量进行转置操作。例如，在 MATLAB 中定义 w 和 c 分别为一个行向量和列向量，对其进行转置操作：

```
>> w, w', c, c'
w =
    1 -2 3
ans =
    1
    -2
    3
```

```
ans =
    1.0000
    3.0000
    2.2361
ans =
    1.0000 3.0000 2.2361
```

可以看到转置的操作可以完成行向量和列向量的相互转化。与行向量相类似，列向量与列向量之间也可以完成数乘、加、减的运算，而其要求仍然是列向量的长度要相等，例如：

```
>> T = 5*w' -2*c
T =
    3.0000
    -16.0000
    10.5279
```

对于由实数组成的向量，单纯地使用符号"'"完成转置并不会影响向量内部的元素，但是如果一个向量由复数组成，单纯使用"'"进行转置的话得到的是复向量的共轭转置，例如：

```
>> x = [1+3i, 2−2i]
ans =
    1.0000 + 3.0000i 2.0000 − 2.0000i
>> x'
ans =
    1.0000 − 3.0000i
    2.0000 + 2.0000i
```

对每一个元素完成转置时，同时对复数的元素进行了共轭的运算，如果是为了单纯获得具有复数元素向量的转置，不对其进行共轭的操作，需要使用符号".'"进行转置操作，例如：

```
>> x.'
ans =
    1.0000 + 3.0000i
    2.0000 − 2.0000i
```

此时，只对各个元素进行了转置的操作，而复数元素并未转化成对应的共轭复数。

## 1.2.6 MATLAB 中的绘图函数

MATLAB 作为一个强大的数值计算器，不仅可以对很复杂的数据进行数学运算，还可以将运算得到的结果进行可视化，利用 MATLAB 内置的绘图工具，可以将基础数据与经过运算之后的结果绘制成一幅图像，从中可以分析结果与基础数据之间的函数关系，帮助用户发现数据之间隐藏的关系。

在 MATLAB 中绘制某个函数的图像，其实质是在函数的定义域内取大量的点，然后将每个点所对应的函数值连接，得到的最终结果即为函数在该定义域内的函数图像。

例如，当要绘制函数 $y = \sin\pi x$ 在 $0 \leqslant x \leqslant 1$ 区间上的图像时，首先在这个区间上以某段固定的长度为间隔，取出一系列的间隔相同的点，然后计算这些点对应的函数值，再使用直线将这些点相连，完成图像的绘制。

输入 MATLAB 代码"N = 10; h = 1/N; x = 0:h:1"，在 MATLAB 中定义一个点集 $x = 0$，$h$，$2h$，$\cdots$，$1-h$，1。另外，可以使用 linspace 函数来完成上述操作，其格式为"linspace(a,b,n)"，输入这句 MATLAB 代码后，MATLAB 将会生成一系列的 $a$、$b$ 之间包括端点 $a$ 和 $b$ 的 $n+1$ 个等间隔点。因此，可以输入：

```
>> x = linspace(0,1,11);
```

生成一个从 0 开始，以 1 为间隔，直到 11 的一系列点。

```
>> y = sin(3*pi*x);
```

分别计算每个点的函数值。最后使用：

```
>> plot(x,y);
```

将每个自变量的点与对应的函数值描绘出来并用直线连接，如图 1-5 所示。

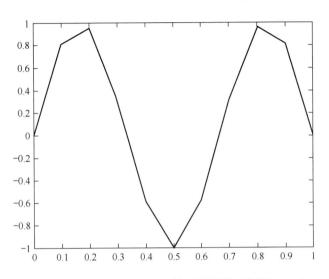

图 1-5　$y = \sin\pi x$ 在 $0 \leqslant x \leqslant 1$ 区间上的图像（间隔 $h=0.1$）

由图 1-5 可见，$y = \sin\pi x$ 的图像并不连续，在各个 $x$ 的取值处均为折线连接，显然是因为间隔取得比较大，使得 $i$ 不连续。

对代码进行修改，将间隔修改为 0.01，再次进行绘图，观察 $y = \sin\pi x$ 的图像。

```
>> N = 100;
>>h = 1/N;
>>x = 0:h:1;
>> y = sin(3*pi*x);
>>plot(x,y);
```

修改间隔后的函数图像如图 1-6 所示。

当减小间距之后，得到如图 1-6 所示的图像，此时的函数图像更加光滑，每个计算函数值的点之间不是折线连接，能够更好地反映这个函数的变化趋势，但是绘制函数图像时也不是间隔取得越密集越好，间隔越小，需要计算的函数值越多，花费的计算时间也就越多，因此在绘图时需要找到合适的绘图间隔。

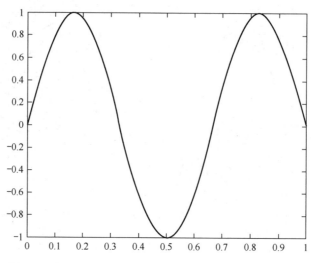

图 1-6　　$y = \sin\pi x$ 在 $0 \leqslant x \leqslant 1$ 区间上的图像（间隔 $h=0.01$）

在完成一幅函数图像的绘制之后，还需要对图像加上标注，比如横轴表示的物理量的含义，纵轴所表示的物理量的含义，以及整个函数图像代表的具体意义。在 MATLAB 中，都有具体的函数可以对绘制的图像添加上述信息，这些函数分别是 title、xlabel、ylabel。它们的使用方法都是在函数后面以单引号封闭，在单引号内输入的内容会以文本的形式展示在函数图像中。例如，在得到 $y = \sin\pi x$ 图像的 MATLAB 代码的基础上加上：

```
>> title(' y = sinπx 的图像')
>> xlabel('x 轴')
>> ylabel('y 轴')
```

加上标注后 $y = \sin\pi x$ 的图像如图 1-7 所示。

由图 1-7 可见，加上标注之后，可以直接运行程序得到函数图像，从而可以直观地理解程序的功能以及运行结果。例如，从图 1-7 中就可以看到整幅图像所表示出的函数关系。对于一些带有实际物理意义的物理量，在绘制函数图像时需要在标注的地方加上物理量的单位，以准确地描述函数的物理意义。

在进行科学研究时，往往会出现某个函数的取值与若干个参数相关，或者不同情况下函数值的计算需要使用不同的计算方法等情况，此时要求在同一个坐标系中画出多幅图像。

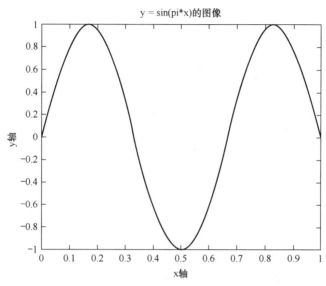

图 1-7　加上标注后 $y = \sin\pi x$ 的图像

在 MATLAB 中，如果想要在一个坐标系中绘制多幅图像，直接增加 plot 函数会将原有的图像覆盖，此时需要增加一行代码为 "hold on"，此代码的功能为在原先的坐标系中保持第一次绘制的图像，并且之后所绘制的图像不会将其覆盖，可以实现在一个坐标系中绘制多幅图像的目的。

在 MATLAB 中，默认的图线是黑色实线，当一个坐标系中出现多幅图像时，如果全部都以默认的黑色实线绘制，那么图像之间会互相干扰，难以辨认，因此需要对绘制的线型进行修改，不同的图像对应不同的线型，并在图像的右上角标注出来。

常用的改变线型的指令代码如表 1-1 所示。

表 1-1　常用的改变线型的指令代码

| 指 令 代 码 | 颜　　色 | 指 令 代 码 | 样　　式 |
|:---:|:---:|:---:|:---:|
| y | 黄色 | . | 点 |
| m | 洋红色 | o | 圈 |
| c | 蓝绿色 | x | x 标记 |

| 指 令 代 码 | 颜 色 | 指 令 代 码 | 样 式 |
|:---:|:---:|:---:|:---:|
| r | 红色 | + | 加号标记 |
| g | 绿色 | − | 减号标记 |
| b | 蓝色 | * | 星号标记 |
| w | 白色 | : | 冒号标记 |
| k | 黑色 | −. | 点画线 |
| | | − − | 虚线 |

例如，当在 MATLAB 中绘制两幅函数图像时，可以使用上述指令代码对其标注，加以区分。输入：

```
>>N = 100;
>>h = 1/N;
>>x = 0:h:1;
>>y1= sin(3*pi*x);
>>y2=cos(3*pi*x);
>>plot(x,y1, 'k+');
>>hold on
>>plot(x,y2, 'b−')
>>legend('y=sin(pi*x)', 'y=cos(pi*x)');
>>title('y=sin(pi*x)和 y=cos(pi*x)的图像');
>>xlabel('x 轴');
>>ylabel('y 轴');
```

通过这段程序，可以在一个坐标系中同时绘出 $y = \sin\pi x$ 和 $y = \cos\pi x$ 的图像，并且将其用不同的线型表示出来。其中，legend 函数为标注不同线型的函数。当程序中出现绘图函数时，legend 函数会在标注线型之后给出对绘图函数的图例描述。

在同一坐标系中绘制 $y = \sin\pi x$ 和 $y = \cos\pi x$ 的图像如图 1-8 所示。

由图 1-8 可见，在同一个坐标系中出现了两种线型。其中，"减号"线型所表示的是 $y = \cos\pi x$ 的图像，"加号"线型所表示的是 $y = \sin\pi x$ 的图像。通过

hold on 函数、legend 函数以及改变线型的指令代码，可以实现在一个坐标系中画出多幅可区分图像的目标。在对一些实验结果进行分析时，可以将其绘制在一起，分析图像的拐点和变化趋势等特点，从而得出不同的因素对实验结果的影响。

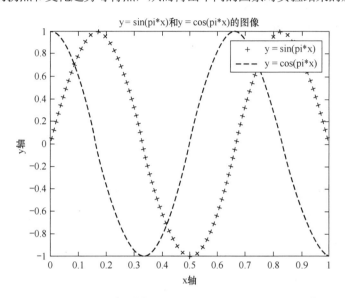

图 1-8　在同一坐标系中绘制 $y = \sin\pi x$ 和 $y = \cos\pi x$ 的图像

当需要绘制一个三维图像时，需要构建一个空间直角坐标系，自变量包括 $x$ 和 $y$，如果是用 MATLAB 中的循环语句来赋值自变量的，那么需要嵌套两层循环语句，整个程序的复杂程度会上升，而且容易出错。meshgrid 函数是 MATLAB 中用于生成网格采样点的一个函数，在使用 MATLAB 进行三维图像的绘制方面有着广泛的应用。

例如，当需要在 $3 \leqslant x \leqslant 5$ 和 $7 \leqslant y \leqslant 9$ 区间上绘制一个三维图像时，取整数点为采样点，那么就要先构造一个坐标矩阵：

（3,7），（4,7），（5,7）；

（3,8），（4,8），（5,8）；

（3,9），（4,9），（5,9）；

然后再通过所要绘制的函数，给每一个采样点赋上因变量的值，就可以完成一个区间上三维图像的绘制。

对于一个坐标范围比较小，而且只取整数点的坐标矩阵的构造比较简单，但是区域一旦扩大，各个点之间的间隔变小，那么坐标的个数将爆炸式增长，手动构建坐标矩阵将不可行。此时，就需要使用 meshgrid 函数生成二维网格，来绘制三维图像。

Meshgrid 函数的用法：[X,Y]=meshgrid(a,b)。其中，a 和 b 均为一维数组，用来表示三维图像的坐标范围。例如，a=[1,2,3]；b=[2,3,4]，则生成的 X 和 Y 均为三维矩阵。

```
>>[X,Y]=meshgrid(a,b)
X=
    1 2 3
    1 2 3
    1 2 3
Y=
    2 3 4
    2 3 4
    2 3 4
```

然后根据实际的函数解析式，计算对应的每个采样点处因变量的取值，最后绘制出所要求的图像。

例如，绘制出 $-2 \leqslant x \leqslant 2$ ， $-2 \leqslant y \leqslant 2$ 且采样间隔为 0.5 时的函数 $z=ye^{-x^2-y^2}$ 的图像，并标注坐标轴含义以及图像名称。

```
>>a=-2:0.5:2;
>>b=-2:0.5:2;
>> [X,Y]=meshgrid(a,b);
>>Z=Y.*exp(-X.^2-Y.^2);
>>mesh(X,Y,Z);
```

```
>>title('z=ye^{-x^2-y^2} 的图像，间隔 0.5');
>>xlabel('x 轴');
>>ylabel('y 轴');
>>zlabel('z 轴')
```

运行这段程序，绘制出所要求的坐标范围内的函数图像，如图 1-9 所示。

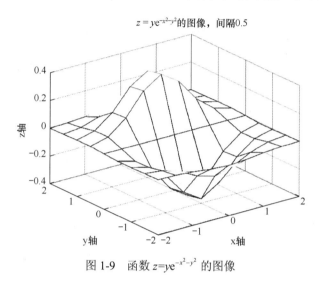

图 1-9　函数 $z=ye^{-x^2-y^2}$ 的图像

由图 1-9 可见，采样点比较稀疏，不能准确地看出函数的特性，因此要缩小采样点的间隔，使函数的图像具有更多的细节信息，方便对绘制出的图像进行分析。因此，缩小采样点的间隔为 0.1：

```
>>a=-2:0.1:2;
>>b=-2:0.1:2;
>> [X,Y]=meshgrid(a,b);
>>Z=Y.*exp(-X.^2-Y.^2);
>>mesh(X,Y,Z);
>>title('z=ye^{-x^2-y^2} 的图像，间隔 0.1');
>>xlabel('x 轴');
>>ylabel('y 轴');
>>zlabel('z 轴')
```

重新绘制函数图像，如图 1-10 所示。

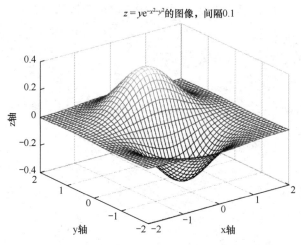

图 1-10　修改网格间隔之后函数 $z=ye^{-x^2-y^2}$ 的图像

在图 1-10 中可以清晰地看出，整个函数在规定的坐标范围内有两个极值点，且函数图像关于 $x$ 轴对称。这些信息都是在没有画出函数图像前不能分析得到的。通过 meshgrid 函数，可以简便地确定函数的取值范围以及网格的大小，并在各个网格点处赋函数值，最后绘制出三维函数图像，免去了使用循环语句来定义变量范围的繁杂步骤，极大提高了绘图的效率。

# 第 2 章　MATLAB 仿真结果可视化

## 2.1　MATLAB GUI 简介

GUI 的英文全称为 Graphical User Interface，意为图形用户界面，是指采用图形的方式显示的计算机操作用户界面。它是一种人与计算机通信的界面显示形式，允许用户通过鼠标、键盘等输入设备来操作屏幕上的图标等选项来选择命令、调用文件或执行一些其他任务。

对于 MATLAB 来说，如果写好了一组代码，针对代码中的参数，通过键盘输入文本来完成每一行的任务，将其称为字符界面，其优点在于用户可以直观清晰地看到整个代码的工作流程，对于每一处修改的代码，都能够具体得知其在整个流程中的具体意义，便于对代码进行更新与维护。然而字符界面的缺点也很明显，就是对于不参与代码编写或者不熟悉该代码的人员，需要首先花费大量的时间，结合注释将代码读懂，才能对其进行修改与调试。一旦代码的注释不完整或者不清晰，那么其他人员就难以理解整个程序的工作流程，也难以对其完成维护工作。

对于图形用户界面来说，其主要由各种图形构成，用户能够看到和操作的都是图形对象，应用的是计算机图形学的知识。用户往往不需要学习复杂的代码，通过图形对象进行操作，进而得到结果的反馈，而且反馈的结果（用户接收的信息）也是图形对象。因此图形用户界面可以极大地方便非专业用户的操作。

MATLAB 中的 GUI 就是一种图形用户界面，它是面向对象的编程，即使是对 MATLAB 一无所知的用户也能轻松地通过 GUI 来完成代码的运行以及结果的显示。

## 2.2 MATLAB GUI 的创建

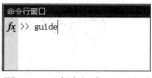

图 2-1 "命令行窗口"界面

要编写一个 GUI，首先要在 MATLAB 中创建一个 GUI。在 MATLAB 的"命令行窗口"界面中输入"guide"命令，如图 2-1 所示。

打开"GUIDE 快速入门"窗口，如图 2-2 所示。

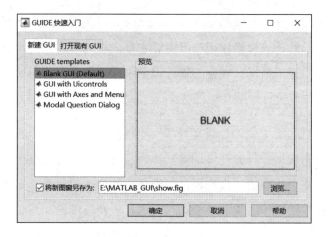

图 2-2 "GUIDE 快速入门"窗口

图 2-2 中，"Blank GUI（Default）"为创建一个空白 GUI 模板；"GUI with Uicontrols"为创建一个系统已经建立好的密度体积计算 GUI 模板；"GUI with Axes and Menu"为系统自带的坐标轴和下拉菜单式的 GUI 模板；"Modal Question Dialog"为系统自带提问式的 GUI 模板。在此以空白 GUI 为例进行介绍，即该界面上的所有按钮或选项均为用户自由设计，选择"Blank GUI（Default）"选项后，选择其保存路径并对所设计的 GUI 进行命名，单击"确定"按钮，即可打开 GUI 设计窗口，如图 2-3 所示。

在 GUI 设计窗口左侧有两列控件栏，这些控件的功能如下。

按钮：单击该按钮，将会执行其下的相关执行程序，从而实现相关功能，常见的有"运行""确定""退出"等按钮，按钮的功能由其响应函数确定。

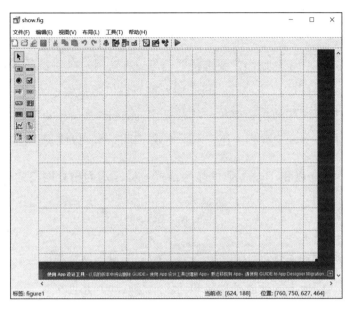

图 2-3　GUI 设计窗口

●单选按钮：容许用户在一组选项中选择其中一个选项，如相干照明、非相干照明、双缝衍射、三缝衍射、五缝衍射等。

可编辑文本：常见的可输入的文本框，常用于输入变量值、路径等。

弹出式菜单：对下拉菜单的名称进行编号，即下拉菜单第一个名称对应 1，第二个名称对应 2，第三个名称对应 3，以此类推，具体的属性读取程序为 get(handles.popupmenu1,'Value')，由于下拉菜单返回值为菜单序列，因此对于下拉菜单的使用，采用 switch…case…等程序结构进行 GUI 设计。

切换按钮：属性切换，每单击一次，属性值就翻转一次，一般为"up""down"两个属性，即用户单击一下切换按钮，输出为"up"，再单击一次则输出为"down"，针对不同的属性值，写入不同的执行程序，则得到不同的功能。

坐标区：常用于显示图形结果和图片等，相当于 Figure。

滑动条：通过滑动"滑动条"，可以改变数值的大小。

复选框：用户可以选择多个带复选框的选项。

▥静态文本：常用于作为标题栏，或者用于状态栏中运行状态的显示等。

▥列表框：用于呈现用户要选择的信息。针对用户在列表框中不同的选择结果，将执行不同的程序功能。获取列表框属性值函数为 get(handles.listbox1, 'Value')，使用方法和弹出式菜单一样，采用 switch…case…程序结构，用户选择列表框第一个文本，则程序执行第一文本下的函数，以此类推。

▥表：GUI 表和 Excel 数据显示格式一样，均为带有网格的行列数据，一般情况下，很少会将数据直接显示在 Figure 上，因此表的使用在实际中应用较少。

▥面板：采用整体分块的结构设计，将某个模块的功能控件放在一起，即移动面板时，面板上的功能控件将和面板一起移动，并且相对位置和相对大小不会改变。

▥按钮组：与面板属性一致。需要特别注意的是，GUI 按钮组需要和各个按钮一起被选中，才能实现同步移动。

▥Active X 控件：供用户进行开发设计的控件。Active X 控件的使用调用系统.dll 文件，在 GUI 调用该控件，系统将自动载入该控件，并在系统后台运行该控件。

# 2.3　MATLAB GUI 的外观设计

## 2.3.1　添加按钮组

在前面介绍 GUI 时，我们提到按钮可以控制相关程序的执行，从而实现相关的功能，因此在一个 GUI 中，按钮是必不可少的。

拖曳控件栏中的"按钮组"到 GUI 设计窗口右侧，完成后如图 2-4 所示。

双击已拖曳过来的"按钮组"，弹出控件的检查器属性窗口，如图 2-5 所示。

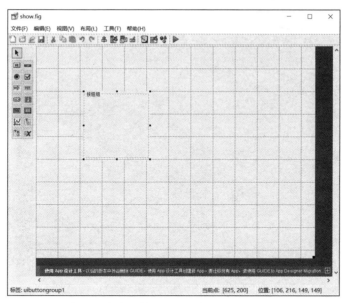

图2-4　拖曳"按钮组"后的 GUI 设计窗口

在该窗口中显示了"按钮组"常用的可供修改的属性:"String"为显示在面板上的文字内容;"FontSize"为显示在面板中字体的大小;"Position"为"按钮组"在 GUI 中的位置。

将"String"右边栏中的"普通按钮"修改为"参量输入",同时将"FontSize"右边栏中的数字改为"16",意为将字体大小增大到 16。在检查器属性窗口的其他任意栏的位置单击一下,即为确认刚才对检查器属性的修改结果,此时完成了对"按钮组"属性的修改,关闭检查器。可以看到 GUI 设计窗口中的"按钮组"已经被修改,如图2-6 所示。

图2-5　"按钮组"的检查器属性窗口

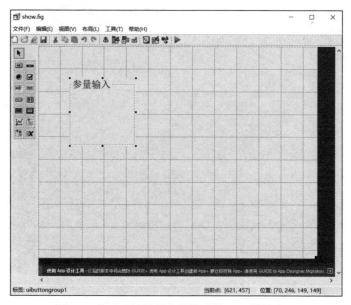

图 2-6　修改"按钮组"属性后的 GUI 设计窗口

此时如果觉得"参量输入"按钮组的大小不合适，可以通过拖曳控制点将其伸缩至适合的大小及比例。用上述方法，可以在界面中再次增加"控制"按钮组，以控制整个程序的运行和停止，得到的 GUI 设计窗口如图 2-7 所示。

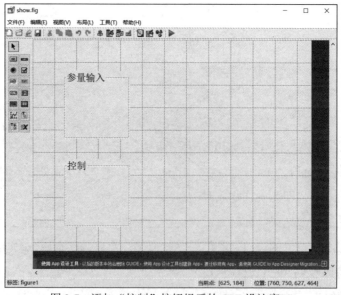

图 2-7　添加"控制"按钮组后的 GUI 设计窗口

## 2.3.2　添加静态文本

静态文本的意思为在 GUI 中不会发生变化的文本框，在运行过程中不会随着程序的运行而改变，其可以作为整个界面中的解释说明的部分，如 GUI 的标题、变量前的解释文本等。

在左侧的控件栏中拖曳一个静态文本框到 GUI 设计窗口右侧中，完成后如图 2-8 所示。

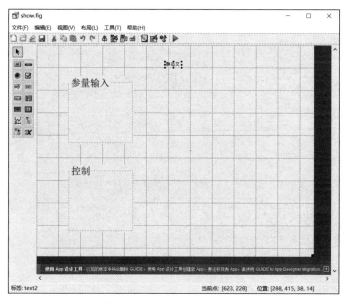

图 2-8　添加静态文本框之后的 GUI 设计窗口

双击拖曳的静态文本框，打开其检查器属性窗口，如图 2-9 所示。

与之前按钮组的检查器属性窗口类似，这里同样显示了常用的可供修改的属性。例如，

"FontName"：设置显示文字的字体。

"FontSize"：设置显示文字的字体大小。

"FontWeight"：设置显示文字的字体是否加粗。

"ForegroundColor"：设置显示文字的字体颜色。

"String"：修改显示的字符信息。

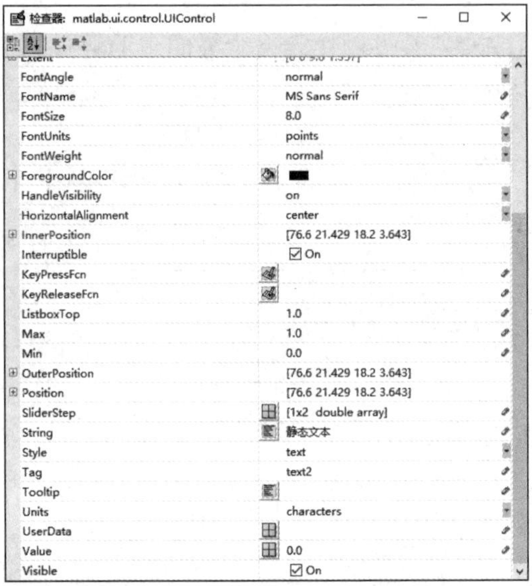

图 2-9　静态文本的检查器属性窗口

在其他控件的检查器属性窗口中，文字属性（字体、字体大小、字体颜色等）的相关设置方法和静态文本相同。

首先修改"String"右侧栏中的"静态文本"为"杨氏双缝干涉仿真程序"，表示整个 GUI 的功能是实现杨氏双缝干涉的仿真结果。

由于此处的静态文本表示整个程序的功能，因此需要将其放在一个醒目的位置，而且字体要大，让读者或者不熟悉代码的人员能够直接理解 GUI 的功能，为此应修改"FontSize"右侧栏中的数字，将字体的大小修改为"28"。

为了加强字体的力度，让标题更加明显，单击"ForegroundColor"右侧栏的黑色色块，弹出修改字体颜色的对话框，如图 2-10 所示。

选择图 2-10 中的红色色块之后，单击"确定"按钮，即可将字体的颜色改为红色，在完成全部修改后，单击检查器属性窗口的任意位置以确定新修改的结果。修改后的静态文本框和 GUI 设计窗口如图 2-11 所示。

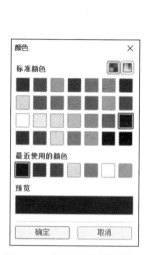

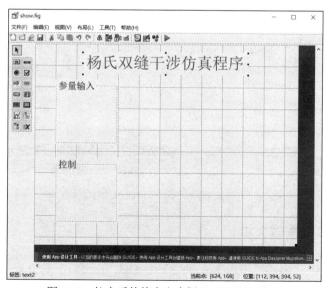

图 2-10　修改字体颜色的　　图 2-11　修改检查器属性后的静态文本框及 GUI 设计窗口
　　　　　对话框

此时的静态文本框本身大小并不能容纳修改字体后的文本，所以需要拖动静态文本框的控制点，将其拉大至显示出全部文字，如图 2-12 所示。

图 2-12　拉大后的静态文本框及 GUI 设计窗口

在掌握了静态文本的加入及修改方法后，按照同样的步骤，在 GUI 中添加"波长λ""屏缝间距 D ""双缝间距 d ""nm（380～780）"等静态文本，在界面中适当排列，并设置其字体大小均为 16。单击菜单栏中的"对齐对象"按钮，弹出"对齐对象"对话框，如图 2-13 所示。

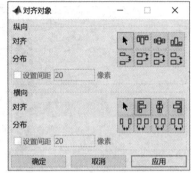

图 2-13 "对齐对象"对话框

按住 Ctrl 键，选择"波长λ""屏缝间距 D ""双缝间距 d "三个静态文本控件，单击"对齐对象"对话框中的"左对齐"按钮，再单击"对齐对象"对话框中的"应用"按钮，最后单击"确定"按钮即可实现以上三个静态文本的左对齐。同样，可以使用该对话框实现展示其他静态文本的对齐及均匀分布等，完成后的 GUI 设计窗口如图 2-14 所示。

图 2-14 完成静态文本添加后的 GUI 设计窗口

### 2.3.3 添加可编辑文本

在 GUI 中，添加可编辑文本相当于给 GUI 的代码中增加了一个变量，这是 GUI 能够运行的关键。

拖曳控件栏中的可编辑文本控件到 GUI 设计窗口的右侧，如图 2-15 所示。

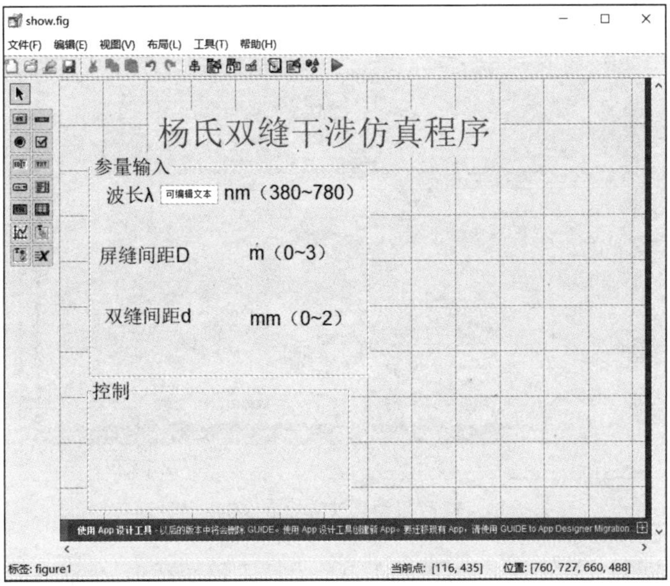

图 2-15　添加"可编辑文本"控件后的 GUI 设计窗口

与修改按钮和静态文本类似，双击可编辑文本控件，弹出其检查器属性窗口，对于可编辑文本，其常用的修改属性如下。

"Enable"：确定可编辑文本框是否可以输入内容，当其值为"off"时，在该文本框中不可以输入内容，且运行时会显示为灰色。该属性常在对应的代码中修改，从而建立输入逻辑顺序。

"Sting"：显示在可编辑文本框中的默认输入内容，本例中将其修改为"540"，即将波长的初始值设置为 540nm。

"Tag"：控件标签，是控件属性的一个非常重要的标记。GUI 程序通过"Tag"来区分不同控件及同类型的各个控件。为了能够在 MATLAB 脚本文件中将 GUI 的控件和脚本函数很好地对应起来，建议将控件的"Tag"改成一个有意义的名称，这里修改波长可编辑文本的"Tag"为"editwavelength"。

此外，将其字体修改为 16 以配合静态文本的字体大小。

修改可编辑文本后的 GUI 设计窗口如图 2-16 所示。

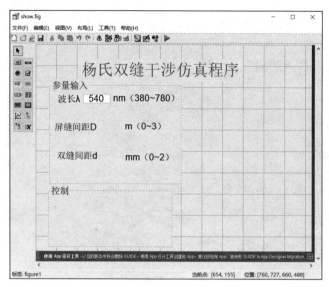

图 2-16　修改可编辑文本后的 GUI 设计窗口

　　按照相同的方法，在 "屏缝间距 D" 和 "双缝间距 d" 后添加可编辑文本，表示运行时屏缝间距和双缝间距，并分别设置其 "Tag" 为 "editDisslitandscreen" 和 "editDisdoubleslit"，设置其初始值均为 0.5。添加完成所有可编辑文本后的 GUI 设计窗口如图 2-17 所示。

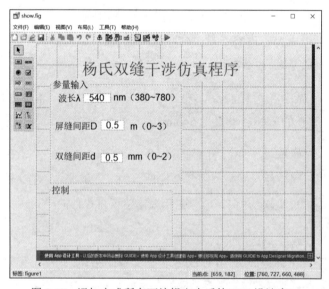

图 2-17　添加完成所有可编辑文本后的 GUI 设计窗口

### 2.3.4　添加滑动条控件

在进行 GUI 的仿真时，为了防止每一次仿真都需要手动修改参数，可以在 GUI 中引入一个滑动条，利用该滑动条可以使参数从最小值到最大值变化，以方便用户进行不同条件下仿真结果的观察。

首先拖曳控件栏中的滑动条控件到 GUI 设计窗口右侧，将其放在"波长 λ"的静态文本下，以表示波长的变化。添加滑动条控件后的 GUI 设计窗口如图 2-18 所示。

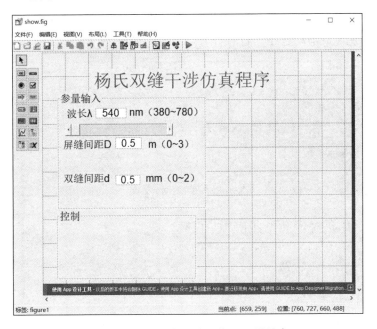

图 2-18　添加滑动条控件后的 GUI 设计窗口

同样，双击滑动条，在弹出其检查器属性窗口中修改字体大小"FontSize"为 16。设置滑动条滑块位于最小端（Min）对应的值，该值一般只能是 0。因此，调用该值的计算程序中，需要通过一个简单的原点平移，实现从 0 开始的值。以波长取值 380～780 为例，基准的原点设置为 380，所以滑块移动的范围为 0～400，从而设置滑块的 Min 为 0，设置滑块滑至最大端对应的值 Max 为 400。同样，为了能在 MATLAB 脚本文件中将 GUI 设计窗口的控件和脚本函数更好地对应起来，修改波长滑动条的"Tag"为"sliderwavelength"。

设置滑块的默认位置"Value"，表示在运行后未滑动滑块时，滑块将位于该值对应的位置，并返回该默认值。在本例中，设置波长的默认初始值为 540，减去原点平移，设置波长滑块的初始值为 540-380=160。修改完成后，按照同样的方法，在"屏缝间距 D"和"双缝间距 d"的下方分别添加一个滑动条控件，分别修改"Tag"为"sliderDisslitandscreen"和"sliderDisdoubleslit"，并设置"屏缝间距 D"的最大值（Max）为 3.0，最小值（Min）为 0.0，初始值为 0.5；设置"双缝间距 d"的最大值（Max）为 2.0，最小值（Min）为 0.0，初始值为 0.5。添加完成滑动条控件后的 GUI 用户窗口如图 2-19 所示。

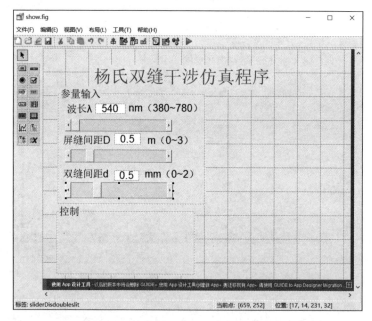

图 2-19　添加完成滑动条控件后的 GUI 用户窗口

## 2.3.5　添加按钮控件

在 GUI 中，按钮控件用于控制程序的启动和停止，既可以实现对部分代码的控制，也可以实现对整体代码的控制。

首先拖曳控件栏中的按钮控件到 GUI 设计窗口右侧，在"波长 λ"下增加一个"自动"按钮，双击该按钮弹出检查器属性窗口，修改"FontSize"为"自动"，修改"String"为"自动"，并修改"Tag"为"pbwavelength"。按照同样的方法在"屏缝间距 D"和"双缝间距 d"下面分别添加一个"自动"按钮，并修改对应的"Tag"分别为"pbDisslitandscreen"和"pbDisdoubleslit"。

最后在"控制"按钮组中添加"运行"和"退出"按钮，并且修改其"Tag"分别为"pbrunning"和"pbexit"。完成后的 GUI 设计窗口如图 2-20 所示。

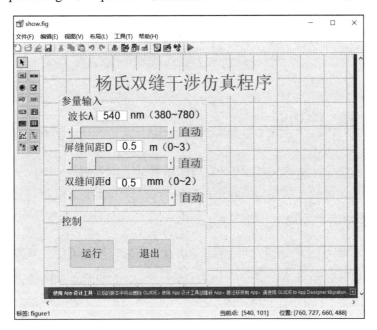

图 2-20　添加按钮控件后的 GUI 设计窗口

## 2.3.6　添加坐标区控件

坐标区控件即为坐标图，可以在 GUI 中显示计算得到的仿真结果图，让使用者直观地看到每一个参数对于仿真的影响。首先拖曳控件栏中的坐标区控件到 GUI 设计窗口右侧，用于显示双缝干涉的仿真条纹，完成后的结果如图 2-21 所示。

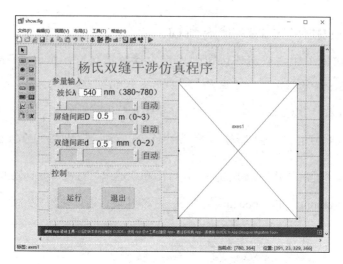

图 2-21　添加坐标区控件后的 GUI 设计窗口

## 2.4　编辑控件功能

前面已经在设置的 GUI 设计窗口中放置好了相关的控件，接下来需要在 GUI 中编写相应的代码来对这些控件进行控制，如调节参数、进行计算等，因此需要编辑控件的功能。

我们希望 GUI 实现手动或滑动滑块输入波长、屏缝间距、双缝间距，从而改变参数并显示出来，其中右边的 axes1 显示干涉的条纹图像。滑动滑块时，可编辑文本框中的值也要随之变动。单击"自动"按钮，该参数将自动从最小变至最大，并在右侧显示动画效果。单击"运行"按钮将刷新结果，单击"退出"按钮将退出程序。

因此，设计控制逻辑如下。

"运行"按钮：刷新结果，即从各参数的可编辑文本框中读取文本并转换为数字，输入计算模型中产生结果，将结果显示到右侧的 axes1 中。

"退出"按钮：单击此按钮，在弹出的对话框中单击"确认"按钮后，即可退出程序。

可编辑文本框：限定输入的数字的大小，当超出范围或者输入非数字时，弹出错误提示信息。

滑动条：需要实现滑动时，上方可编辑文本框显示对应值，并调用"运行"按钮的回调函数来刷新结果。

"自动"按钮：以波长为例，单击"自动"按钮后，程序每隔一定时间间隔变更一次参数，再调用"运行"按钮的回调函数刷新结果，从而实现动画效果。

第一，在 GUI 设计窗口中设置"运行"按钮，需要提前按照杨氏双缝干涉的原理设计好计算过程，将其放在"运行"按钮的回调函数 function pbruning_Callback (hObject, eventdata, handles)中。

```
lam_nm=str2double(get(handles.editwavelength,'String'));
wavelength=lam_nm/(1e9);
D=str2double(get(handles.editDisslitandscreen,'String'));
d=str2double(get(handles.editDisdoubleslit,'String'));
d=d/1000;
xm = 0.0015;
n=501;

ys=xm;
xs=linspace(-xm,xm,n);%在 [-xm,xm] 范围内产生 n 个数据
for i=1:n
    r1=sqrt((xs(i)-d/2).^2+D^2);%光程差 r1 表达式的 MATLAB 书写形式
    r2=sqrt((xs(i)+d/2).^2+D^2);%光程差 r2 表达式的 MATLAB 书写形式
    phi=2*pi*(r2-r1)./wavelength;%);%);%两束光的相位差
    B(:,i)=(4*cos(phi/2).^2);%光强的 MATLAB 书写形式
end
N=255;
Br=(B/4.0)*N;

axes (handles.axes1);
```

```
image(xs,ys,Br);%画图函数
axis([-0.0015,0.0015,-0.5,0.5]);
%colormap(gray(N));%控制颜色
xlabel('双缝干涉图像');
c = linspace(0,1,64)';
[R,G,B] = wave2color(lam_nm);
colormap([c*R,c*G,c*B]);
```

其中，wave2color 是自行编写的函数，将其编写好并放在 GUI 的同目录下。wave2color 函数为：

```
function [R,G,B] = wave2color(lambda)
a = lambda;
if a <= 439
    R = -(a-440)/(440-380);
    G = 0;
    B = 1;
elseif a<=489
    R = 0;
    G = (a-440)/(490-440);
    B = 1;
elseif a<=509
    R = 0;
    G = 1;
    B = -(a-510)/(510-490);
elseif a<=579
    R = (a-510)/(580-510);
    G = 1;
    B = 0;
elseif a<=644
    R = 1;
    G = -(a-645)/(645-580);
    B = 0;
elseif a<=780
    R = 1;
    G = 0;
```

```
        B = 0;
    else
        R = 1;
        G = 1;
        B = 1;
    end
```

第二，设置可编辑文本框的功能（以波长的可编辑文本框为例，其"Tag"为 editwavelength）。可编辑文本框主要是对输入的数据进行判断，在其对应的回调函数下加入代码：

```
value = str2double(get(hObject, 'String'));% 从 editwavelength 中获取字符并转换成数字
if isnan(value)
    set(hObject, 'String', []);% 将 editwavelength 中的字符设置为空，即清除可编辑
%文本框中输入的字符。
    errordlg('请输入有效数据','参数无效! ');% 弹出错误提示对话框
end
if or(value<380,value>780)
    set(hObject, 'String', []);
    errordlg('超出可见光波长范围','参数无效! ');
end
if value>=380 && value<=780
    set(handles.sliderwavelength,'value',value-380);% 将滑动条的滑块设置到输入
%值对应的位置处
end
```

第三，设置滑动条的功能（以波长滑动条为例。其"Tag"为 sliderwavelength）。在滑动滑动条时，对应的最大值和最小值已经进行了设置，我们需要在使用滑块时，上面的可编辑文本框同时显示对应的波长，并刷新结果。在滑动条的回调函数中添加对应的代码。

```
val = get(hObject,'value');% 获取滑动条当前位置对应的数值
set(handles.editwavelength,'string',num2str(val+380));%将当前数值换算成实际波长的值，
%显示到 editwavelength 可编辑文本框中
pbrunning_Callback(hObject, eventdata, handles);% 调用"运行"按钮的回调函数，
%刷新右边的结果图
```

第四，设置"自动"按钮的功能，单击"自动"按钮之后，会显示出参数动态变化的效果，并且在右侧的坐标区域刷新结果图形，在"自动"对应的回调函数下加入代码：

```
for lambda=380:40:780
    set(handles.editwavelength,'string',num2str(lambda));% 将变化的波长结果显示到
editDisdoubleslit 可编辑文本框中
    set(handles.sliderwavelength,'value',lambda-380);% 将滑动条设置到波长的值对应的
%位置
    pbrunning_Callback(hObject, eventdata, handles);% 调用"运行"按钮的回调函
%数刷新结果
    pause(0.1);% 暂停 0.1s，实现动态效果的基础
end
```

第五，设置"退出"按钮的功能。在"退出"按钮的回调函数 function pbexit _Callback(hObject, eventdata, handles)后面，调用 MATLAB 自带的询问对话框函数如下：

```
ss=questdlg('是否确认退出？','退出程序','是，退出','否，返回程序','是，退出');
switch ss
    case '是，退出'
            delete(handles.figure1);
end
```

对整个代码编写完成之后即可保存并运行，观察 GUI 仿真效果。

# 2.5 测试 GUI 仿真结果

运行 GUI 之后出现如图 2-22 所示的窗口。

单击"运行"按钮即可得出波长为 540nm、屏缝间距为 0.5m、双缝间距为 0.5mm 的仿真结果，如图 2-23 所示。

修改屏缝间距为 1m，此过程可以直接在可编辑文本框中输入，也可以拖动滑动条调整，此时的仿真结果如图 2-24 所示。

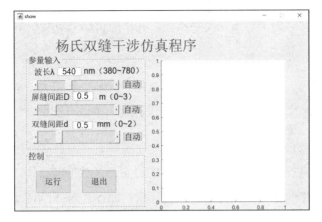

图 2-22　杨氏双缝干涉仿真程序 GUI 设计窗口

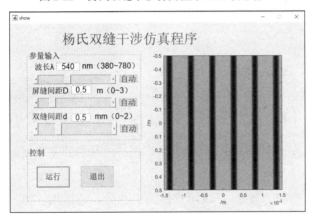

图 2-23　杨氏双缝干涉仿真结果

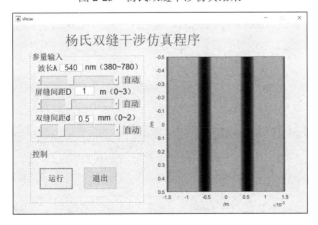

图 2-24　修改屏缝间距之后的杨氏双缝干涉仿真结果

可以看到此时的干涉条纹间距增大,具体的仿真细节将在第 4 章的干涉中详细讨论。

单击"自动"按钮可以使参数按照具体的间隔进行增大,从而观察参数改变时仿真结果的变化,读者可以在 GUI 设计窗口中自行尝试。

通过拖曳控件栏中的控件到 GUI 设计窗口右侧,并对其进行编辑,使得整个界面便于进行交互。通过在每个控件的回调函数下编写代码,完成整个杨氏双缝干涉程序的仿真。在完成界面设计后,即使是对 MATLAB 没有任何了解的用户,也可以通过界面上的输入相应内容和滑动滑动条完成对杨氏双缝干涉实验的仿真,充分体现了 GUI 的优势。

## 2.6  MATLAB App 简介

传统意义上的 App 主要指手机软件,用于完善原始系统的不足。在 MATLAB 中,App 和 GUI 一样,也属于用户交互界面的一种。App 设计工具是 MATLAB R2016a 中推出的应用程序设计工具,是一个可视化集成设计环境,除提供与 GUI 类似的标准用户界面组件外,还提供了和工业应用相关的组件,如仪表盘、旋钮、开关和指示灯等。

App 也具有和 GUI 一样的优点,即用户打开 App 后并不会接触内部的代码,而是看到由各种图形组件组成的界面,不熟悉 MATLAB 的用户也可以根据图形及文本的提示完成任务。

## 2.7  MATLAB App 的编写

### 2.7.1  MATLAB App 的创建

首先在 MATLAB 中找到上方的工具栏,如图 2-25 所示。

图 2-25　MATLAB 上方的工具栏

在"App"选项卡中单击"设计 App"选项，弹出"App 设计工具"窗口，如图 2-26 所示。在其中可以选择打开最近使用的 App，也可以新建空白或带有模板的 App。在一些带有模板的 App 中可以更加简便地完成某些功能，而空白的 App 有更强的可塑性。

图 2-26　"App 设计工具"窗口

选择其中的"空白 App"选项，弹出空白 App 设计窗口，如图 2-27 所示。

整个空白 App 设计窗口由上方的快速访问工具栏、功能区和 App 编辑器组成。功能区主要提供操作文件、打包程序、运行程序、调整界面布局和编辑调试程序的工具。该窗口左侧是组件库面板，类似 GUI 中的控件栏，可以从中直接拖曳想要的组件至窗口中，并通过对其参数修改来完成设计工作。

该窗口的中间包括设计视图和代码视图，选择不同的视图，App 编辑器出现的内容和实现的功能也不同。

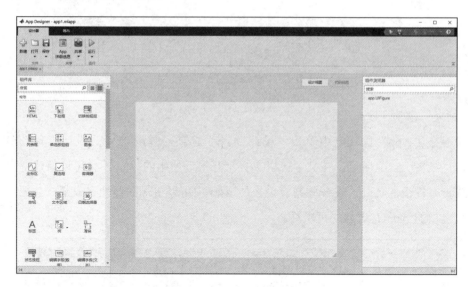

图 2-27　空白 App 设计窗口

设计视图主要用于编辑用户的界面，选择设计视图后，设计视图左侧是组件库面板，右侧是组件浏览器和属性面板，中间为设计区的画布，用户可以从左侧的组件库面板中拖曳组件至设计区的画布中，并在右侧属性面板中修改对应的属性。组件库和属性面板对应于 GUI 中的控件栏和检查器窗口。组件库提供了构建应用程序的组件，如坐标区、按钮和仪表盘等。组件浏览器用于查看界面的架构。属性面板用于查看和设置组件的外观特性等。

代码视图主要用于编辑、调试和分析代码。单击代码视图后出现的界面如图 2-28 所示。在代码视图界面中，左侧是代码浏览器和 App 布局面板，右侧是组件浏览器和属性检查器，中间则是编写代码的区域。在实际使用过程中，常常使用中间的区域。

代码浏览器用于查看、增加和删除图形窗口和控件对象的回调、自定义函数及属性。回调函数用于定义对象怎样处理信息并响应某事件，属性用于存储回调和自定义函数共享的数据。代码视图的属性检查器用于查看和设置组件的值、值域、是否可见、是否可用等控制属性。

接下来介绍 MATLAB App 中的组件，按照其功能分成四类，分别是常用组件、容器类组件、图窗工具和仪器类组件。常用组件中的大部分组件与 GUI 中的控件功能相同，外观类似，主要包括坐标区、按钮、列表框、滑动条等。略有不同的是 GUI 中的"可编辑文本"在 App 中被分成了用于输入数值和文本的两种编辑字段组件。容器类组件主要用于将元素按功能分组。图窗工具用于建立用户界面的菜单。仪器类组件是主要用于模拟电子设备操作平台和方法的组件，其中包括仪表、旋钮和开关等。组件对象可以从组件库中拖曳生成，也可以通过调用组件函数创建。

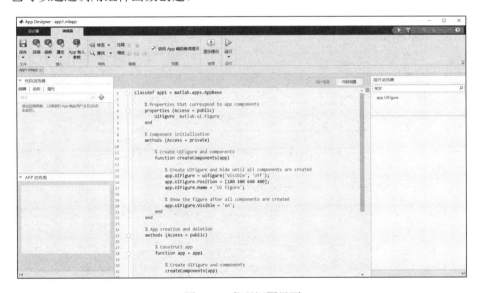

图 2-28　代码视图界面

## 2.7.2　添加 MATLAB App 组件

在 MATLAB App 中，我们同样以杨氏双缝干涉的仿真程序设计为例，需要使用按钮、坐标区及编辑字段组件。涉及的需要手动输入的参数为"光波长""屏缝间距 D""双缝距离 d"。

在设计视图下，从左侧的组件库中拖曳编辑字段组件到设计区的画布中，如图 2-29 所示。在这个组件中已经包括了可编辑数值的方框（数值框）和可编辑文本的方框（文本框），所以选择编辑字段组件即可。

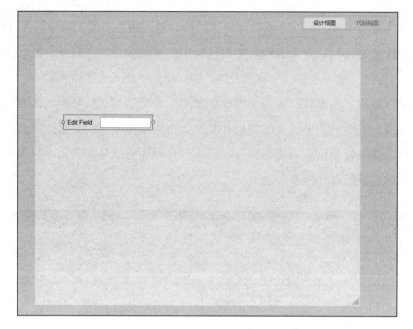

图 2-29　拖曳编辑字段组件后的设计视图界面

查看文本框的属性面板，如图 2-30 所示。

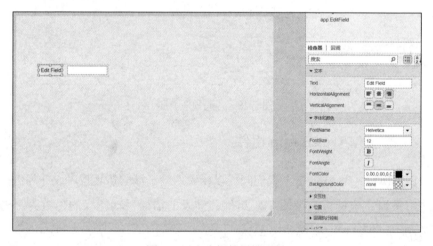

图 2-30　文本框的属性面板

类似 GUI 中的静态文本，属性面板主要包括文本、字体、字体大小、字体颜色、字体加粗、字体倾斜和对齐方式等属性。将"Text"文本框中的内容修改为"光波长（nm）"，表示此框中表示的是光波长的物理量，并将字体大小修改为"12"。

选择数值框，查看数值框的属性，主要用到的是"Value""Limits""FontSize"，分别表示数值框中的数值、数值的上、下限和输入数字的大小。在 GUI 中，设置的光波长范围为 380～780 nm，因此修改"Limits"属性上限为 780、下限为 380，并且将默认值设置为 540 nm，数字的大小设置为"16"。为了美观，还可以选择居中的格式，将数字摆放在数值框的中央位置。完成编辑字段组件设计之后的设计视图界面如图 2-31 所示。

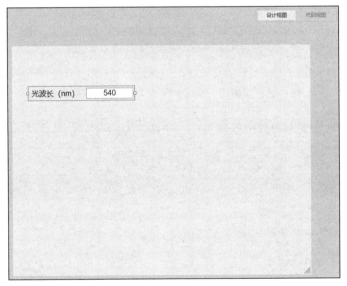

图 2-31　完成编辑字段组件设计之后的设计视图界面

仿照上面的过程给设计界面上再添加"屏缝间距 D"和"双缝间距 d"的编辑字段组件，如图 2-32 所示。其中，数值框中的数值表示预设的初始值，代表初始的杨氏双缝干涉仿真是在光波长为 540nm、屏缝间距 0.5m、双缝距离为 0.5mm 的条件下进行的。

接下来添加按钮组件，主要用于控制程序的运行。和 GUI 类似，按钮的回调函数包含了运行仿真程序的主要代码，用于控制整个程序的运行。简而言之，就是从编辑字段组件中获取数据，在按钮组件中处理数据并得到结果。

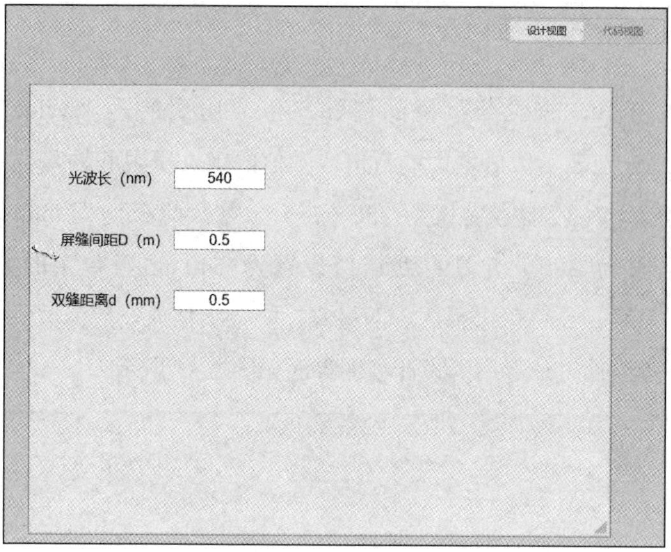

图 2-32　添加其他编辑字段组件后的设计视图界面

拖曳组件库中的按钮组件至设计视图界面中，如图 2-33 所示。

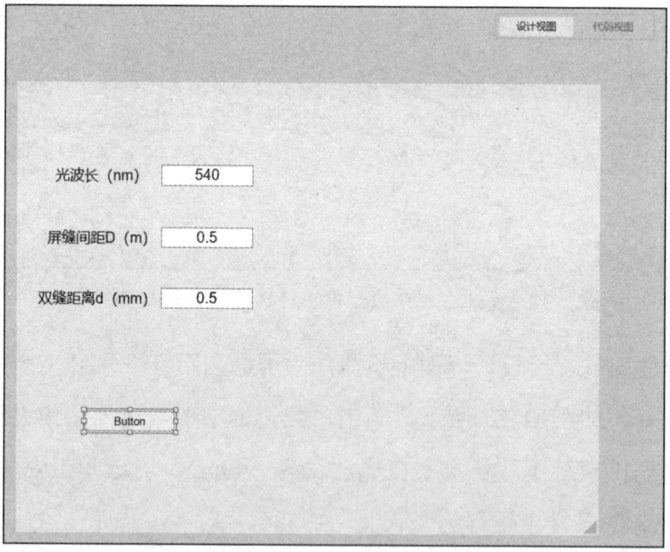

图 2-33　拖曳按钮组件至设计视图界面中

在右侧的属性面板中同样可以对其属性进行修改，将"Text"文本框中的内容修改为"运行"，修改字体的大小为"16"，即完成了按钮组件的设置，如

图 2-34 所示。

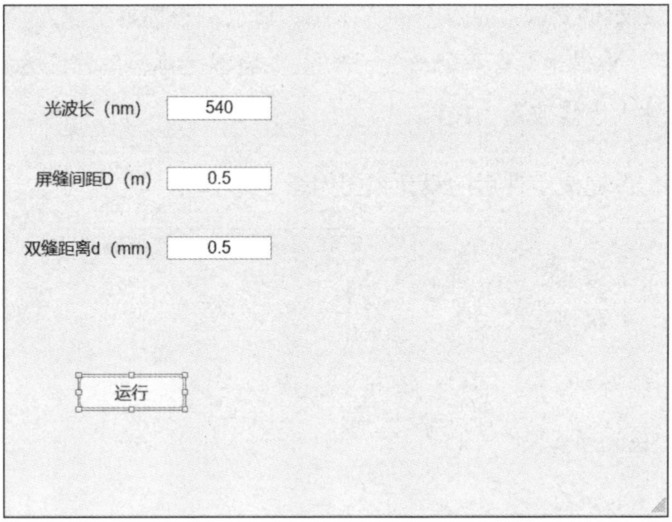

图 2-34　修改"按钮"后的设计视图界面

最后添加坐标区组件，即为在设计区的画布中创建一个坐标系，可以在其中显示计算的仿真结果界面，从而可以方便直观地看到计算得到的仿真条纹。添加坐标区组件后的设计视图界面如图 2-35 所示。

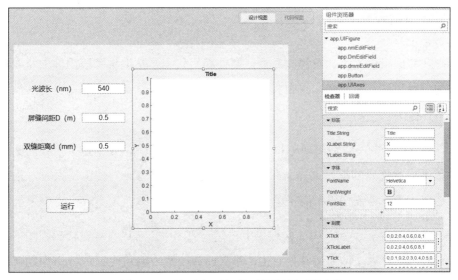

图 2-35　添加坐标区组件后的设计视图界面

设计视图界面右侧为坐标区组件的属性面板，可以修改其坐标图的标题、横/纵坐标所表示的含义，以及字体大小等。这里，将标题修改为"杨氏双缝干涉仿真程序"，将横坐标标签修改为"X/m"，将纵坐标标签修改为"Y/m"，并将整体的字体大小修改为"16"。

添加并修改完成组件后的设计视图如图 2-36 所示。

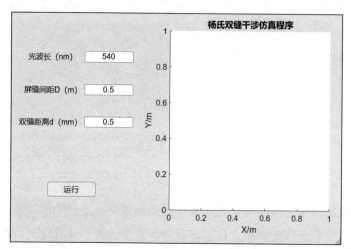

图 2-36　添加并修改完成组件后的设计视图界面

### 2.7.3　MATLAB App 代码的编写

在完成组件的添加及修改之后，需要编写代码，从编辑字段组件中获取输入的参数信息，之后在代码中完成杨氏双缝干涉仿真结果的计算，并将其显示在坐标区中。

在 GUI 中，我们需要对每个控件自定义其"Tag"，并在每个控件的回调函数中进行代码的编写来完善每个控件的功能。当"Tag"使用错误时，很容易造成故障，导致代码不能正确运行。

在 App 中，编写代码的区域集中在代码视图中。可以直接在代码视图下编写代码，也可以在按钮组件处右击，进入回调函数中编写代码。App 中的代码视图如图 2-37 所示。

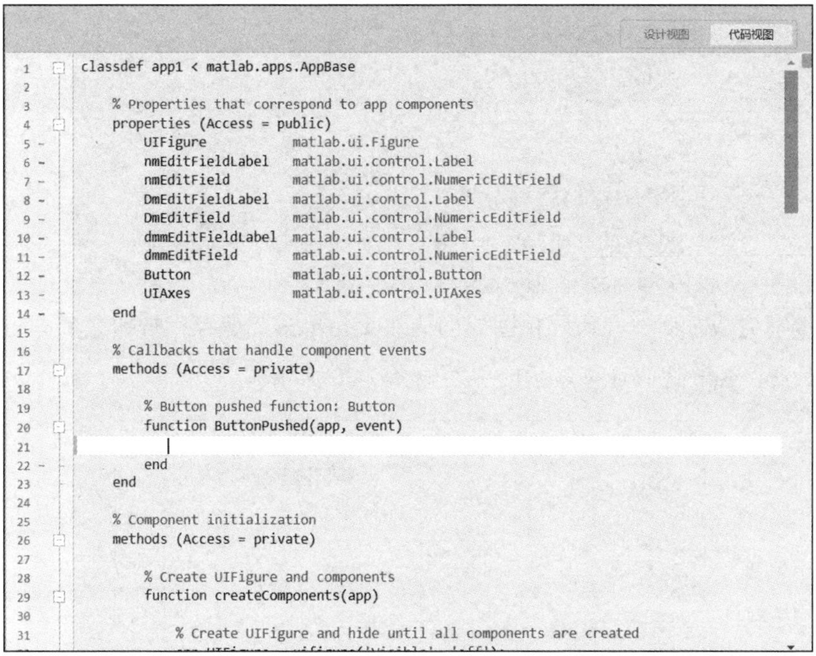

```
                                                          设计视图    代码视图

1    classdef app1 < matlab.apps.AppBase
2
3        % Properties that correspond to app components
4        properties (Access = public)
5            UIFigure              matlab.ui.Figure
6            nmEditFieldLabel      matlab.ui.control.Label
7            nmEditField           matlab.ui.control.NumericEditField
8            DmEditFieldLabel      matlab.ui.control.Label
9            DmEditField           matlab.ui.control.NumericEditField
10           dmmEditFieldLabel     matlab.ui.control.Label
11           dmmEditField          matlab.ui.control.NumericEditField
12           Button                matlab.ui.control.Button
13           UIAxes                matlab.ui.control.UIAxes
14       end
15
16       % Callbacks that handle component events
17       methods (Access = private)
18
19           % Button pushed function: Button
20           function ButtonPushed(app, event)
21               |
22           end
23       end
24
25       % Component initialization
26       methods (Access = private)
27
28           % Create UIFigure and components
29           function createComponents(app)
30
31               % Create UIFigure and hide until all components are created
```

图 2-37　App 中的代码视图

在代码视图中，仅有白色的部分是可以编写的，其余部分均是在添加组件时默认设置的。在代码视图中编写代码相比在 GUI 中编写代码更加简便、清晰，也能防止 App 的用户在错误的地方编写代码。

在回调函数下方输入代码：

```
Lambda=app.nmEditField.Value*10^(-9)
        D=app.DmEditField.Value
        d=app.dmmEditField.Value*10^(-3)

        yMax = 8*540*10^(-6);
        xs = yMax;
        Ny = 1001;
        ys = linspace(-yMax,yMax,Ny);
for i=1:Ny
        r1 = sqrt((ys(i)-d/2).^2+D^2);
        r2 = sqrt((ys(i)+d/2).^2+D^2);
```

```
        Phi = 2*pi*(r2−r1)/Lambda;
        B(i,:) = 4*cos(Phi/2).^2;
    end
        NCLevels = 255;
        Br = (B/4.0)*NCLevels;
        image(app.UIAxes,xs,ys,Br);
        colormap(app.UIAxes,gray(NCLevels));
```

编写完成之后，在代码视图界面的左上角单击"保存"按钮之后即可运行 App 代码。App 代码运行之后的界面如图 2-38 所示。

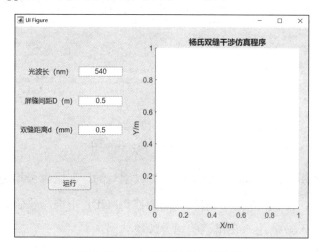

图 2-38　App 代码运行之后界面

在图 2-38 中，参数的默认值设置如下：光波长为 540nm，屏缝间距为 0.5m，双缝距离为 0.5mm。单击"运行"按钮即可开始杨氏双缝干涉仿真，而仿真结果将会显示在右侧的坐标区中，如图 2-39 所示。

修改屏缝间距为 1m 之后，再单击"运行"按钮即可看到修改该参数对杨氏双缝干涉的影响。修改屏缝间距后的杨氏双缝干涉仿真结果如图 2-40 所示。

在其他参数不变的情况下，增大屏缝间距，杨氏双缝干涉的条纹变粗，两条纹之间的间距也增大。详细的仿真原理及结果讨论将在第 4 章中给出。

相比于 GUI，App 的界面更加简洁好用，在其中添加或者删除组件之后，对应的回调函数也会被自动添加或者删除，并且在修改组件属性时更加简单方便。但是 App 的缺点在于反应速度不及 GUI，例如，单击"运行"按钮之后需要数秒才能出现结果。总体而言，两者之间互有优劣，都是优秀的图形交互界面，能够极大地方便科研工作者对于科研工作的需求。

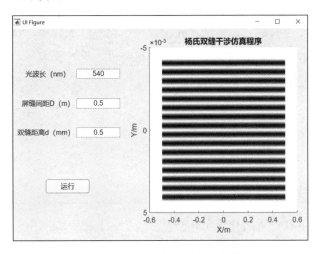

图 2-39　杨氏双缝干涉仿真结果

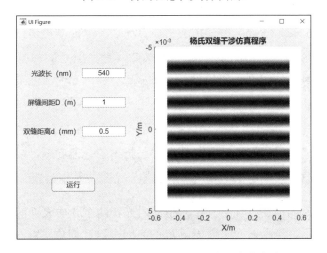

图 2-40　修改屏缝间距后的杨氏双缝干涉仿真结果

# 第 3 章　光的电磁理论基础与仿真

光的电磁理论的确立，推动了光学及整个物理学的发展，许多光学现象都能用电磁理论解释。本章主要介绍光的电磁特性，讨论光波在均匀介质中的传播规律，同时讨论光波的叠加等问题。

## 3.1　菲涅耳公式

### 1. 背景知识

光在通过不同介质的分界面时会发生反射和折射，即入射光分成了反射光和折射光。通过反射定律和折射定律虽然可以确定这两束光的前进方向之间的关系，但是不能确定这两束光的振幅和振动方向。菲涅耳公式便是为了确定这两个参数而产生的。菲涅耳公式由奥古斯汀·让·菲涅耳提出，用来描述光在不同折射率介质之间的行为。菲涅耳公式能解释反射光的强度、折射光的强度、相位与入射光的强度之间的关系。菲涅耳公式以光的横波理论为基础，将入射光分为振动平面平行于入射面的线偏振光和振动平面垂直于入射面的线偏振光，并借助电磁场的边界条件，推导了光的折射比与反射比之间关系的公式。菲涅耳公式可以很好地解释光的反射与折射的起偏问题，以及半波损失问题。因此，菲涅耳公式是光学和电磁理论的一个重要基本公式。

光的电矢量的振动方向平行于入射面时光在两个介质表面的反射与折射情况如图 3-1 所示。当入射光沿着矢量 $k_1$ 的方向，以 $\theta_1$ 的角度射入两个折射率分别为 $n_1$ 和 $n_2$ 的介质分界面时，其反射角也为 $\theta_1$。在图 3-1 中，$\theta_2$ 为入射光的折射角；$E_{1p}$、$H_{1s}$ 分别表示入射光的电矢量和磁矢量；$E'_{1p}$、$H'_{1s}$ 分别表示反射光的电矢量和磁矢量；$E_{2p}$、$H_{2s}$ 分别表示折射光的电矢量和磁矢量；$k_1$、

$k_1'$、$k_2$ 分别表示入射光波、反射光波、折射光波的传播方向。

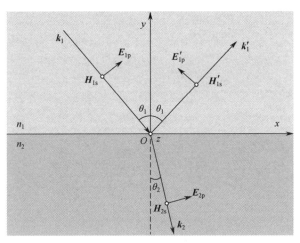

图 3-1　光的电矢量的振动方向平行于入射面时光在两个介质表面的反射与折射情况

注：○ 表示垂直所在平面。

　　在该模型中，光的电矢量的振动方向平行于入射面，此时的光波称为 p 波，两个介质的折射率分别为 $n_1$ 和 $n_2$，入射面处于 $xoy$ 平面两个介质的分界面处于 $xoz$ 平面。此时，使用电磁场的理论条件推导得到 p 波的菲涅耳公式为

$$r_{\mathrm{p}} = \frac{A_{\mathrm{t}}}{A_{\mathrm{i}}} = \frac{n_2 \cos\theta_1 - n_1 \cos\theta_2}{n_2 \cos\theta_1 + n_1 \cos\theta_2} = \frac{\tan(\theta_1 - \theta_2)}{\tan(\theta_1 + \theta_2)} \tag{3.1}$$

$$t_{\mathrm{p}} = \frac{A_{\mathrm{t}}}{A_{\mathrm{i}}} = \frac{2n_1 \cos\theta_1}{n_2 \cos\theta_1 + n_1 \cos\theta_2} = \frac{2\sin\theta_2 \cos\theta_1}{\sin(\theta_1 + \theta_2)\cos(\theta_1 - \theta_2)} \tag{3.2}$$

　　$r_{\mathrm{p}}$ 和 $t_{\mathrm{p}}$ 分别称为 p 波的振幅反射系数和振幅透射系数，表征的是 p 波在两个介质表面反射和折射之后振幅的变化情况。

　　菲涅耳公式的另一种理论模型如图 3-2 所示。当入射光沿着矢量 $k_1$ 的方向，以 $\theta_1$ 的角度射入两个折射率分别为 $n_1$ 和 $n_2$ 的介质分界面时，其反射角的大小也为 $\theta_1$。在图 3-2 中，$\theta_2$ 为入射光的折射角；$E_{1\mathrm{s}}$、$H_{1\mathrm{p}}$ 分别表示入射光的电矢量和磁矢量；$E_{1\mathrm{s}}'$、$H_{1\mathrm{p}}'$ 分别表示反射光的电矢量和磁矢量；$E_{2\mathrm{s}}$、$H_{2\mathrm{p}}$ 分别表示折射光的电矢量和磁矢量；$k_1$、$k_1'$、$k_2$ 则分别表示入射光波、反射光波、折射光波的传播方向。

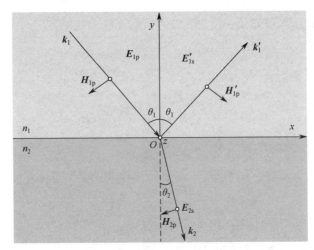

图 3-2　光的电矢量的振动方向垂直于入射面时光在两个介质表面的反射与折射情况

注：∘ 表示垂直所在平面。

在该模型中，光的电矢量的振动方向垂直于入射面，此时的光波称为 s 波。此时，使用电磁场的理论条件推导得到 s 波的菲涅耳公式为

$$r_s = \frac{A_r}{A_i} = \frac{n_1 \cos\theta_1 - n_2 \cos\theta_2}{n_1 \cos\theta_1 + n_2 \cos\theta_2} = -\frac{\sin(\theta_1 - \theta_2)}{\sin(\theta_1 + \theta_2)} \tag{3.3}$$

$$t_s = \frac{A_t}{A_i} = \frac{2n_1 \cos\theta_1}{n_1 \cos\theta_1 + n_2 \cos\theta_2} = \frac{2\sin\theta_2 \cos\theta_1}{\sin(\theta_1 + \theta_2)} \tag{3.4}$$

和前面的定义相同，这里的 $r_s$ 和 $t_s$ 分别称为 s 波的振幅反射系数和振幅透射系数，表征的是 s 波在两个介质表面反射和折射之后振幅的变化情况。

## 2. 动手实践

下面根据上述菲涅耳公式，在 MATLAB 中编写代码，实现在已知介质分界面两侧的折射率 $n_1$、$n_2$ 和入射角 $\theta_1$ 的条件下，绘制出 s 波和 p 波的振幅反射系数、振幅透射系数随着入射角 $\theta_1$ 变化的曲线，并且包含光由光疏介质射入光密介质（$n_1 < n_2$）和光由光密介质射入光疏介质（$n_1 > n_2$）两种情况。

MATLAB 代码如下。

```
clear;  %清除工作区中的已有变量
```

```
clc;   %清除命令行窗口中的所有内容

n1=1;   %第一种介质的折射率，可修改
n2=1.5;   %第二种介质的折射率，可修改

theta1=0:0.1:90;   %设立入射角
rad1=theta1*pi/180;   %角度制转弧度制
cos1=cos(rad1);
cos2=real(sqrt(1-(n1/n2*sin(rad1)).^2));%计算折射角余弦值，考虑全反射情况

rs=(n1*cos1-n2*cos2)./(n1*cos1+n2*cos2);
ts=2*n1*cos1./(n1*cos1+n2*cos2);
rp=(n2*cos1-n1*cos2)./(n2*cos1+n1*cos2);
tp=2*n1*cos1./(n2*cos1+n1*cos2);   %计算 s 波和 p 波的振幅反射系数和振幅透射系数

plot(theta1,rs,'-',theta1,ts,'--',theta1,rp,'-.',theta1,tp,':','LineWidth',1.75);   %制图
legend('rs','ts','rp','tp');
xlabel('入射角\theta_i/\circ');
ylabel('r,t');   %x,y 坐标所表示的变量
if n1>n2
    title('rs、 rp、 ts、 tp 随\theta_i 的变化关系(n1>n2)');   %图表名
    axis([0 90,-1,3]);
end
if n1<n2
    title('rs、 rp、 ts、 tp 随\theta_i 的变化关系(n1<n2)');
    axis([0 90, -1,1]);
end
grid on;   %显示网格线
```

在 MATLAB 中，三角函数中自变量的单位默认为弧度，所以在编写 MATLAB 代码时要将输入的角度转化为弧度单位。

在计算折射角的余弦值时，考虑光从光密介质射入光疏介质时发生的全反射情况，根号里面可能出现负数，所以要取其计算结果的实部，代入菲涅耳公式中进行计算才能得到正确的结果。

### 3. 结果讨论

运行 MATLAB 代码，得到如图 3-3 和图 3-4 所示的仿真结果。图 3-3 表示的是 $n_1<n_2$（光由光疏介质射入光密介质）情况下，s 波和 p 波的振幅反射系数、振幅透射系数随着入射角 $\theta_1$ 变化的曲线。图 3-4 表示的是 $n_1>n_2$（光由光密介质射入光疏介质）情况下，s 波和 p 波的振幅反射系数、振幅透射系数随着入射角 $\theta_1$ 变化的曲线。

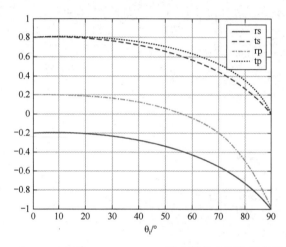

图 3-3　$n_1=1$，$n_2=1.5$ 时 $r_s$、$t_s$、$r_p$、$t_p$ 随入射角 $\theta_1$ 变化的曲线仿真结果

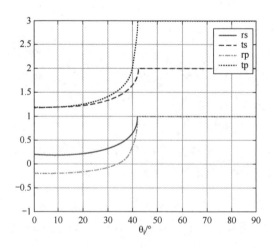

图 3-4　$n_1=1.5$，$n_2=1$ 时 $r_s$、$t_s$、$r_p$、$t_p$ 随入射角 $\theta_1$ 变化的曲线仿真结果

## 3.2　光波叠加

波的叠加原理是指两个或者多个波在相遇点产生的合振动是各个波单独在该点产生的振动的矢量和。因为光波也是一种波，所以同样服从波的叠加原理。叠加原理是波动光学的基本原理之一。波动光学在光波干涉、衍射、偏振领域主要研究的就是几个光波在传播过程中相遇叠加之后，其合成波在相遇点处的复振幅分布和强度分布。

### 3.2.1　频率相同、振动方向相同的光波叠加

如图 3-5 所示，设有两列频率相同、振动方向相同的单色光波分别从光源 $S_1$ 和 $S_2$ 出发，在空间的 $P$ 点处相遇，而 $P$ 点到 $S_1$ 和 $S_2$ 的距离分别为 $r_1$ 和 $r_2$。

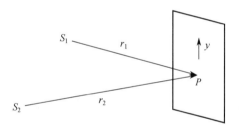

图 3-5　两列频率相同、振动方向相同的单色光在 $P$ 点叠加

因此，两列光波在 $P$ 点处的光振动为

$$E_1 = a_1 \cos\left(kr_1 - \omega t\right) \tag{3.5}$$

$$E_2 = a_2 \cos\left(kr_2 - \omega t\right) \tag{3.6}$$

式中，$a_1$ 和 $a_2$ 分别表示两列光波在 $P$ 点处的振幅。

根据叠加原理可以得到 $P$ 点处的合振动为

$$E = E_1 + E_2 = a_1 \cos\left(kr_1 - \omega t\right) + a_2 \cos\left(kr_2 - \omega t\right) \tag{3.7}$$

利用三角公式得到

$$E = A\cos(kr - \omega t) \tag{3.8}$$

其中：

$$A^2 = a_1^2 + a_2^2 + 2a_1a_2 \cos\left(kr_2 - kr_1\right) \tag{3.9}$$

$$\tan\alpha = \frac{a_1 \sin\left(kr_1\right) + a_2 \sin\left(kr_2\right)}{a_1 \cos\left(kr_1\right) + a_2 \cos\left(kr_2\right)} \tag{3.10}$$

可见，$P$ 点处的合振动也是一个简谐振动，其振动频率和两列光波都相同，而其振动振幅和初始相位分别由两列光波的振幅和相位决定。

如果两列光波的振幅相等，即 $a_1 = a_2 = a$，同时记为 $I_0 = a^2$，表示单列光波在 $P$ 点的振动强度，$\delta = kr_2 - kr_1$ 表示两列光波的相位差，那么 $P$ 点的合振动光强为

$$I = 4I_0 \cos^2\left(\frac{\delta}{2}\right) \tag{3.11}$$

从式（3.11）可以看出，$P$ 点叠加的合振动光强取决于两列光波在 $p$ 点的相位差 $\delta$，当

$$\delta = 2m\pi \quad (m = 0, \pm 1, \cdots) \tag{3.12}$$

时，$I = 4I_0$，$P$ 点光强有最大值。而当

$$\delta = (2m+1)\pi \quad (m = 0, \pm 1, \cdots) \tag{3.13}$$

时，$I = 0$，$P$ 点光强有最小值。当两列光波的相位差介于两者之间时，$p$ 点光强在 $0 \sim 4I_0$ 之间。

光程差是两列光波在介质中走过的几何路程与介质折射率的乘积之差，记为 $\Delta$，根据光程差与相位差之间的关系，可以将相位差转换为光程差的表现形式。

当

$$\Delta = n\left(r_2 - r_1\right) = m\lambda \quad (m = 0, \pm 1, \cdots) \tag{3.14}$$

时，即光程差等于波长的整数倍时，$P$ 点光强有最大值，而当

$$\Delta = n\left(r_2 - r_1\right) = \left(m + \frac{1}{2}\right)\lambda \quad (m = 0, \ \pm 1, \cdots) \tag{3.15}$$

时，即光程差等于半波长的整数倍时，$P$ 点光强有最小值。从上述的公式推导中可以发现，当两列光波在空间中相遇时，如果它们在源点出发的初始相位相同，那么在叠加区域相遇点的光强取决于两列光波在该点的光程差；如果在观察时间内，两列光波的初始相位保持不变，光程差也恒定，那么叠加区域内各点的光强也不变，可以看到稳定的光强分布，这种现象称为干涉。后面将在第 4 章向大家展现各种干涉现象。

## 3.2.2　驻波

### 1. 背景知识

驻波是自然界中一种十分常见的现象，在生活中无处不在。水波、树梢的振动、乐器发声等现象都与驻波有关。两列沿着相反方向传播的振幅相同、频率相同的波叠加所形成的波称为驻波。驻波可以由垂直射入两种介质分界面的单色光波和其反射光波叠加形成，其特点是形成一个不再推进的波浪。

设两列波的表达式分别为

$$E_1 = a\cos(kz + \omega t) \tag{3.16}$$

$$E_2 = a\cos(kz - \omega t + \delta) \tag{3.17}$$

从式（3.16）和式（3.17）中可以看出，两列波的振幅相同、振动频率相同而传播方向相反，$\delta$ 是两列波之间的相位差。将两列波叠加可得

$$E = E_1 + E_2 = 2a\cos\left(kz + \frac{\delta}{2}\right)\cos\left(\omega t - \frac{\delta}{2}\right) \tag{3.18}$$

式（3.18）表示，对于 $z$ 方向上每个点的波，随时间做着频率为 $\omega$ 的简谐振动，相应地，振幅随着 $z$ 变化，记为

$$A = 2a\cos\left(kz + \frac{\delta}{2}\right) \tag{3.19}$$

可见，在不同位置的波会有不同的振幅，但其振幅极大值和极小值的位置不随时间而变。在驻波中，振幅最大的位置称为波腹，其振幅为 $2a$ ，等于两列叠加波的振幅之和，而振幅为 0 的位置称为波节。波腹的位置由下式决定：

$$kz + \frac{\delta}{2} = n\pi \quad (n = 1, 2, 3, \cdots) \tag{3.20}$$

波节的位置由下式决定：

$$kz + \frac{\delta}{2} = \left(n - \frac{1}{2}\right)\pi \quad (n = 1, 2, 3, \cdots) \tag{3.21}$$

从式（3.20）和式（3.21）可以看出，相邻的波节或者波腹之间的距离为 $\lambda/2$ ，而相邻的波节和波腹之间的距离为 $\lambda/4$ ，并且波腹和波节的位置不会随着时间而变。

上述讨论均为两列波振幅相同时的情况。事实上，当两列波的振幅不相等时，两列波的合成除产生驻波之外还有一列行波，此时波节处的振幅不为 0。

### 2. 动手实践

接下来通过 MATLAB 代码对驻波进行仿真，并设置振幅相同与不同两种情况。

MATLAB 代码如下。

```
clear
clc
close all
A1 = 1; A2 = 1;          %可以通过改变 A1、A2 的值观察行驻波
k1 = 1; k2 = 1; w1 = 20; w2 = 20;
daerta = rand(1,1,'double')*2*pi; %生成一个随机相位差，观察它对驻波是否有影响
z = linspace(-10,10,500);

times = 0;
for t = 0.1:0.01:0.4
    times = times+1;
```

```
    E1 = A1*cos(k1.*z+w1*t);
    E2 = A2*cos(k2.*z-w2*t+daerta);
    E = E1+E2;
    plot(z,E1,'-',z,E2,'--',z,E,':','LineWidth',1.75);
    axis([-10.5, 10.5, -2.5, 2.5]);
    legend('E1','E2','E');
    title(['A1=', num2str(A1), '; A2=', num2str(A2), '; daerta=', num2str(daerta)]);
    set(gca,'XAxisLocation','origin')
    xlabel('z');ylabel('E');
    m(times) = getframe;
end
movie(m,2);
```

## 3．结果讨论

设置两列波的振幅均为 1，运行 MATLAB 代码，仿真结果如图 3-6 所示。

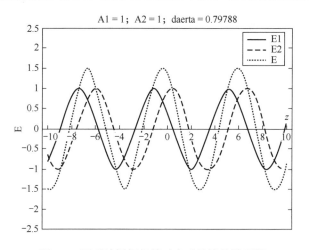

图 3-6 两列波振幅相等时合成驻波的波形图

通过 MATLAB 代码修改参数使得 "A1" 不等于 "A2"，再次运行 MATLAB 代码，观察合成驻波的波形图，如图 3-7 所示。

仿真结果展示的是随着时间而改变的波形（动态画面）。可以看到，当两列波振幅相同时，合成的是驻波，波节和波腹的位置不随时间而改变，且波腹处的振幅等于两列波振幅之和，波节处的振幅为 0，整个合成驻波不往前推进。

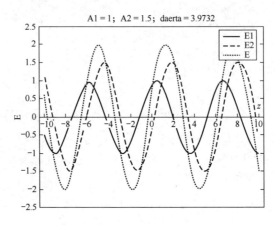

图 3-7　两列波振幅不相等时合成驻波的波形图

当两列波的振幅不同时，合成的是一个行驻波，整体仍然伴随着能量的传播。

### 3.2.3　频率相同、振动方向垂直的光波叠加

#### 1. 背景知识

与之前频率相同、振动方向相同的两列单色光波的叠加类似，光源 $S_1$ 和

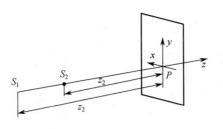

图 3-8　频率相同、振动方向垂直的两列单色光波叠加

$S_2$ 发出两列频率相同、振动方向垂直的单色光波，其振动方向分别平行于 $x$ 轴和 $y$ 轴，并沿着 $z$ 轴向前传播。考察它们在 $z$ 轴上某点 $P$ 处的叠加，如图 3-8 所示。首先写出这两列光波在该处的表达式分别为

$$E_x = a_1 \cos(kz_1 - \omega t) \tag{3.22}$$

$$E_y = a_2 \cos(kz_2 - \omega t) \tag{3.23}$$

则其合振动矢量末端运动轨迹为

$$\frac{E_x}{a_1^2} + \frac{E_y}{a_2^2} - 2\frac{E_x E_y}{a_1 a_2}\cos(\alpha_1 - \alpha_2) = \sin^2(\alpha_1 - \alpha_2) \tag{3.24}$$

式中，$\alpha_1 = kz_1$；$\alpha_2 = kz_2$。由于合成波的光矢量末端沿着椭圆运动，所以可以推导出椭圆长轴与 $x$ 轴的夹角 $\psi$ 满足：

$$\tan 2\psi = \frac{2a_1 a_2}{a_1^2 - a_2^2}\cos\delta \tag{3.25}$$

式中，$\delta = \alpha_2 - \alpha_1$，是振动方向平行于 $y$ 轴的光波与振动方向平行于 $x$ 轴的光波的相位差。

从以上公式推导可以看出，当两列频率相同、振动方向相互垂直，且具有一定相位差的单色光波叠加时，一般情况下可以得到一个椭圆偏振光。该偏振光的椭圆形状取决于两列叠加光波的振幅比（$a_2 / a_1$）和相位差（$\alpha_2 - \alpha_1$）。当相位差不同时，该偏振光的偏振状态也不同。

### 2．动手实践

下面编写 MATLAB 代码对其进行仿真。

MATLAB 代码如下。

```
%频率相同、振动方向垂直的两列单色光波叠加
C = 3e+8,lam = 5e−7,T = lam / c; %设置光波参数
T = linspace(0,T,1000);
Z = linspace(0,5,1000);
w = 2 * pi / T;
k = 2 * pi / lam;
Eox = 10;Eoy = 10;            %振幅相同
Fx = 0;
Fy = pi/4*7;                 %相位差
Ex = Eox * cos(w * t − k * z + Fx);
Ey = Eoy * cos(w * t − k * z + Fy);
subplot(1,2,1);
plot(Ex,Ey);
```

```
xlabel('x');
ylabel('y');
subplot(1,2,2);
plot3(Ex,Ey,z);
zlabel('z');
xlabel('x');
ylabel('y');
```

### 3. 结果讨论

在上述 MATLAB 代码中,修改"Eox"和"Eoy"即可改变两列单色光波的振幅比;修改"Fy"和"Fx"即可改变两列单色光波的相位差 $\delta$。

在振幅比为 1 的条件下改变相位差,观察合成波的情况。当振幅比为 1 时,外接的矩形为正方形。

当 $\delta = \alpha_1 - \alpha_2 = 0$ 时,仿真结果如图 3-9 所示。

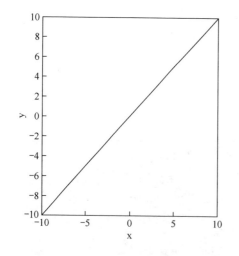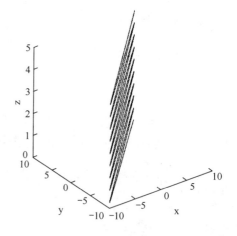

图 3-9　相位差为 0 时的合成波

当 $\delta = \alpha_1 - \alpha_2 = \pi/4$ 时,仿真结果如图 3-10 所示。

当 $\delta = \alpha_1 - \alpha_2 = \pi/2$ 时,仿真结果如图 3-11 所示。

当 $\delta = \alpha_1 - \alpha_2 = 3\pi/4$ 时,仿真结果如图 3-12 所示。

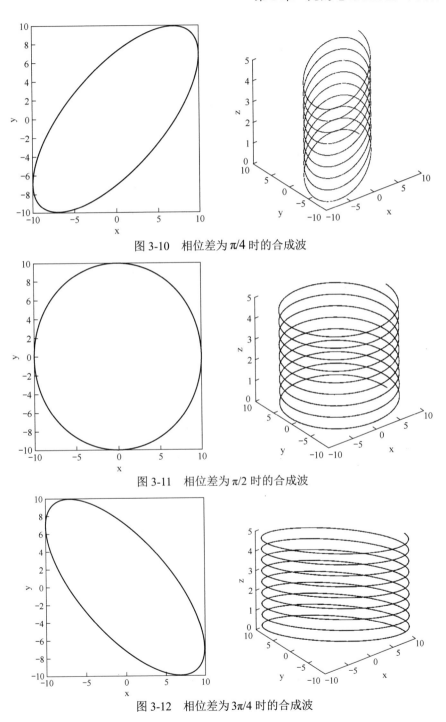

图 3-10　相位差为 $\pi/4$ 时的合成波

图 3-11　相位差为 $\pi/2$ 时的合成波

图 3-12　相位差为 $3\pi/4$ 时的合成波

当 $\delta=\alpha_1-\alpha_2=\pi$ 时，仿真结果如图 3-13 所示。

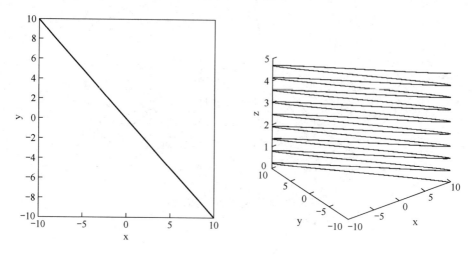

图 3-13　相位差为 $\pi$ 时的合成波

当 $\delta=\alpha_1-\alpha_2=5\pi/4$ 时，仿真结果如图 3-14 所示。

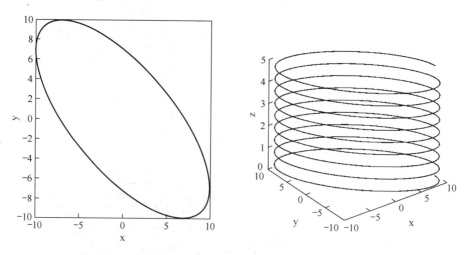

图 3-14　相位差为 $5\pi/4$ 时的合成波

当 $\delta=\alpha_1-\alpha_2=3\pi/2$ 时，仿真结果如图 3-15 所示。

当 $\delta=\alpha_1-\alpha_2=7\pi/4$ 时，仿真结果如图 3-16 所示。

从上述仿真结果中，可以得出以下结论。

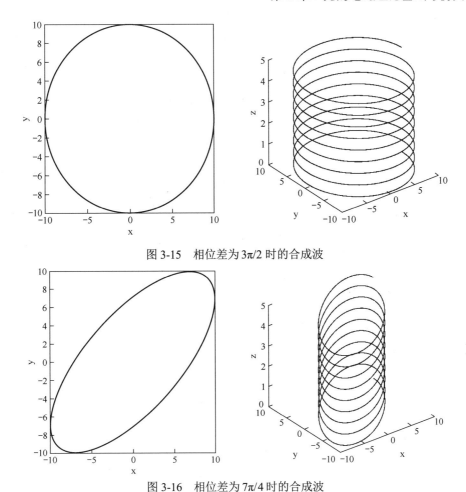

图 3-15　相位差为 $3\pi/2$ 时的合成波

图 3-16　相位差为 $7\pi/4$ 时的合成波

当相位差为 0 或者 $\pi$ 时，合成波的光矢量为线偏振光；当相位差为 $\pi/2$ 或者 $3\pi/2$ 时，合成波的光矢量为圆偏振光；当相位差为其他值时，则合成波的光矢量为椭圆偏振光。

可以根据相位差来判断旋向，当 $\sin\delta$ 大于 0 时，合成的结果为左旋偏振光，当 $\sin\delta$ 小于 0 时，合成的结果为右旋偏振光。

## 3.2.4　光学拍

### 1. 背景知识

两列在同一方向上传播的振动方向相同、振幅相同，且频率相差很小的单色光波叠加后，就会出现光学拍。可以通过观测光学拍来实现微小频率差的检测。

光学拍的理论模型如下。

首先设定两列振幅相同、传播方向相同、频率不同的单色光波为

$$E_1 = a\cos\left(k_1 z - \omega_1 t\right) \tag{3.26}$$

$$E_2 = a\cos\left(k_2 z - \omega_2 t\right) \tag{3.27}$$

利用波的叠加原理，可以得到合成波的表达式为

$$E = E_1 + E_2 = 2a\cos\left(k_m z - \omega_m t\right)\cos(\overline{k} z - \overline{\omega} t) \tag{3.28}$$

其中，$k_m$、$\omega_m$、$\overline{k}$、$\overline{\omega}$ 的表达式分别为

$$k_m = \left(k_1 - k_2\right)/2 \tag{3.29}$$

$$\omega_m = \left(\omega_1 - \omega_2\right)/2 \tag{3.30}$$

$$\overline{k} = \left(k_1 + k_2\right)/2 \tag{3.31}$$

$$\overline{\omega} = \left(\omega_1 + \omega_2\right)/2 \tag{3.32}$$

若在上述基础上，令

$$A = 2a\cos\left(k_m z - \omega_m t\right) \tag{3.33}$$

此时，合成波的表达式可以表示为

$$E = A\cos(\overline{k} z - \overline{\omega} t) \tag{3.34}$$

合成波表示为一个频率为 $\overline{\omega}$，而振幅受到调制的波。其振幅随着时间和位置在 $-2a$ 和 $2a$ 之间变化。当 $\omega_1 \approx \omega_2$ 时，$\omega_m$ 就非常小，所以其振幅的变化就非常缓慢，但是此时可以探测合成波的强度变化。合成波强度随着时间和位置在 $0 \sim 4a^2$ 之间变化。这种合成波强度时大时小的现象就称为光学拍。从光学拍中，可以得到拍频信息，获取两列叠加光波的频率之差。

## 2．动手实践

在 MATLAB 代码中，首先设置好各列光波的参数，让其相互叠加，计算合成波及其振幅，然后观察在所设定的参数下，频率接近的两列单色波形成的光学拍。

MATLAB 代码如下。

```
w1 = 50;
w2 = 60;
k1 = 5;
k2 = 5.5;
a = 1;
k = 0;      %设定参数
z = 0:0.001:30;
for t = 0.1:0.01:1
    k = k + 1;
    A1 = a * cos(k1 * z − w1 * t);      %波 1
    A2 = a * cos(k2 * z − w2 * t);      %波 2
    am = 2 * a * cos((k1 − k2)/ 2 * z − (w1 − w2)/ 2 * t);      %合成波
    A = a * cos(k1 * z − w1 * t) + a * cos(k2 * z − w2 * t);%合成波振幅
    fmat = moviein(length(0.1:0.01:1));
    fmat(:,k) = getframe;
    plot(z,A1,'-',z,A2,'--',z,am,'-.',z,A,':','LineWidth',1.25);
    axis([0,25, −3,3]);
    xlabel('z');ylabel('A');
end
legend('光波 1','光波 2','合成波的振幅变化','合成波');
movie(fmat,1);
```

## 3．结果讨论

设置好两列光波的参数，并运行 MATLAB 代码，得到的合成波如图 3-17 所示。其中，虚线所示为两列光波的合成波。合成波的振幅随时间和位置而变化，呈现出光学拍的特性。

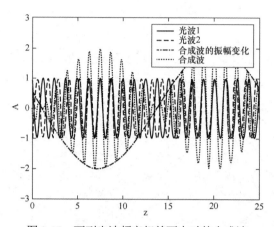

图 3-17　两列光波频率相差不大时的合成波

# 第4章　光的干涉仿真

光的干涉现象是光具有波动性的特征。它指的是两列或者多列光波在空间中相遇叠加时，在叠加的区域中呈现出各个点的光强度稳定分布的现象。1801年，英国的物理学家托马斯·杨在实验室中成功观察到了光的干涉现象，证明了光具有波动性，之后的科学家在其基础上不断发展完善相关理论。光的干涉在科学技术和生产上都有广泛应用，本章主要讨论常见的干涉模型及干涉的仿真结果。

## 4.1　杨氏双缝干涉

### 1. 背景知识

杨氏双缝干涉实验是产生干涉现象最著名的实验。它通过分波前法得到相干光波，验证了 3.2 节中讨论的频率相同、振动方向相同的光波叠加结论。杨氏双缝干涉模型如图 4-1 所示。

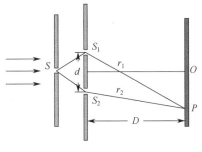

$S$ 是一个发出单色光波的照明小孔，在这里认为其为点光源，从 $S$ 射出的光波首先照射在对称的小缝 $S_1$、$S_2$上。由 $S_1$、$S_2$ 发散出来的光波来自同一

图 4-1　杨氏双缝干涉模型

光源，所以它们是相干光波，在 $P$ 点处叠加产生干涉现象。

由式（3.11）可以得到 $P$ 点的干涉光强为

$$I = I_1 + I_2 + 2\sqrt{I_1 I_2}\cos\delta = 4I_0\cos^2\frac{\delta}{2} \tag{4.1}$$

式中，$\delta$ 为两列光波的相位差，$\delta = k(r_2 - r_1) = k\Delta$。

根据勾股定理，可以得到 $r_1$、$r_2$ 分别为

$$r_1 = \overline{S_1 P} = \sqrt{\left(x - \frac{d}{2}\right)^2 + D^2} \tag{4.2}$$

$$r_2 = \overline{S_2 P} = \sqrt{\left(x + \frac{d}{2}\right)^2 + D^2} \tag{4.3}$$

式中，$d$ 为两个相干光源 $S_1$、$S_2$ 的距离；$D$ 为两个相干光源到接收屏的距离。由式（4.2）和式（4.3）可得 $r_2^2 - r_1^2 = 2xd$。考虑在空气中折射率 $n$ 为 1，$d \ll D$，同时 $x \ll D, y \ll D$，则光程差为

$$\Delta = r_2 - r_1 = \frac{2xd}{r_1 + r_2} \approx \frac{xd}{D} \tag{4.4}$$

将式（4.4）代入式（4.1）中，可得

$$I = 4I_0\cos^2\left(\frac{\pi x d}{\lambda D}\right) \tag{4.5}$$

根据三角函数知识，可以判断接收屏上距离原点 $O$ 为 $x$ 点处的干涉光强。

即当

$$x = \frac{m\lambda D}{d} \quad (m = 0, \pm 1, \pm 2, \cdots) \tag{4.6}$$

时，接收屏上有最大光强 $I = 4I_0$，为亮纹；当

$$x = \left(m + \frac{1}{2}\right)\frac{\lambda D}{d} \quad (m = 0, \pm 1, \pm 2, \cdots) \tag{4.7}$$

时，接收屏上光强极小，$I = 0$，为暗纹。

上述结果表明，接收屏上的干涉图形是一系列的平行等间距的明暗直条纹，且该直条纹的分布呈现余弦平方的变化规律。

## 2．动手实践

接下来编写 MATLAB 代码并对其进行仿真。首先设置一系列参数，然后计算接收屏上的每个点处两列光波的光程差，再将其代入式（4.5）中计算干涉光强。

MATLAB 代码如下。

```
clear;
Lambda = 500;                    %光波的波长（取 500nm）
Lambda = Lambda*(1e−9);          %将 nm 变换为 m
d = 2;                           %两个缝的间距（取 2mm）
d = d*0.001;
Z = 1;                           %缝到接收屏的距离（取 1m）
yMax = 5*Lambda*Z/d;
xs = yMax;
Ny = 101;
ys = linspace(−yMax,yMax,Ny);
for i=1:Ny
r1 = sqrt((ys(i) −d/2).^2+Z^2);
r2 = sqrt((ys(i)+d/2).^2+Z^2);
    Phi = 2*pi*(r2−r1)/Lambda;
    B(i,:) = 4*cos(Phi/2).^2;
End


NCLevels = 255;
Br = (B/4.0)*NCLevels;
subplot(1,2,1);
image(xs,ys,Br);
xlabel('x/m');
ylabel('y/m');
colormap(gray(NCLevels));
title('双缝干涉图形');
```

```
subplot(1,2,2);
plot(B(:),ys);
xlabel('I/cd');
ylabel('x/m');
title('双缝干涉光强曲线');
```

## 3. 结果讨论

运行上述 MATLAB 代码，设定的参数分别为 500nm、2mm 和 1m，观察仿真结果，如图 4-2 所示，干涉图形为一系列明暗直条纹。

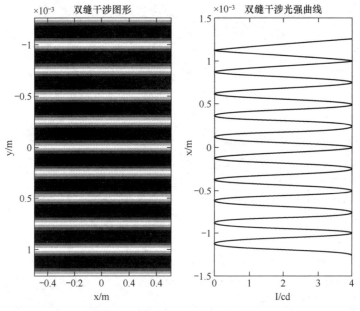

图 4-2　杨氏双缝干涉仿真结果

将两个缝的间距（缝宽）减小为 1.5mm，再次运行 MATLAB 代码，得到缝宽减小之后的杨氏双缝干涉仿真结果如图 4-3 所示。

可以看到，减小缝宽之后，杨氏双缝干涉产生的条纹宽度增大，在同一个坐标范围内所观察到的条纹数目减少。

修改入射光波的波长，将其增大为 550nm，运行 MATLAB 代码，观察仿真结果，如图 4-4 所示。可以看到，入射光波的波长增大之后，杨氏双缝干涉的条纹宽度增大，在同一个坐标范围内所观察到的条纹数目减少。

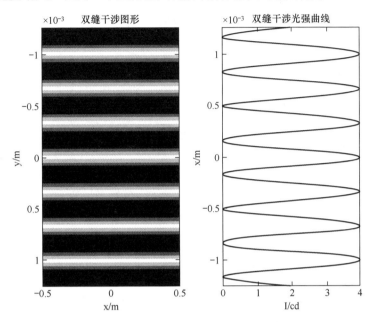

图 4-3　减小缝宽后的杨氏双缝干涉仿真结果

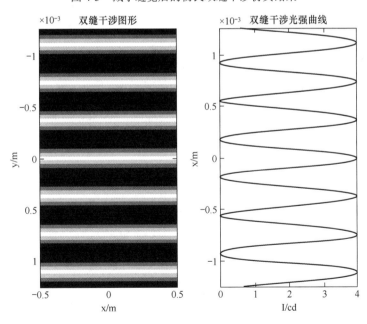

图 4-4　增大入射光波的波长后的杨氏双缝干涉仿真结果

## 4.2 非单色光波的杨氏双缝干涉

### 1. 背景知识

非单色光波的杨氏双缝干涉与单色光波的杨氏双缝干涉类似，只是在进行仿真时将光源换成白光。白光是光谱具有一定宽度的光源。在对干涉的原理进行分析时，大家知道只有频率相同且振动方向相同的光波才能发生干涉。非单色光波中虽然含有不同频率的光波，但是可以将它们看成不同频率的单色光波的合成，各个单色光波之间仍然能够发生干涉，而且在 4.1 节中的单色光波的杨氏双缝干涉仿真中发现，一系列的亮暗条纹的间距与发生干涉的光波的波长有关。所以，如果使用不同的单色光波来产生干涉现象，则得到的条纹的间距会有差异。根据以上推测，非单色光波用于杨氏双缝实验也能发生干涉，得到的是一系列的彩色条纹，且这些条纹的间距不同。

### 2. 动手实践

下面将光源换成 7 种单色光波的等比例混合光源，并且使用 RGB 图像来仿真干涉结果。7 种单色光波的颜色分别为红、橙、黄、绿、青、蓝、紫，其波长的参数分别为 660nm、610nm、570nm、550nm、460nm、440nm、410nm，将其代入之前的杨氏双缝干涉模型中，得到非单色光波的干涉图形。

MATLAB 代码如下。

```
%杨氏双缝干涉（非单色光波）
clear;
tic
lambda=[660 610 570 550 460 440 410]*1e−9;
rgb=[1,0,0;1,0.5,0;1,1,0;0,1,0;0,1,1;0,0,1;0.67,0,1];
d = 2*(1e−3);%双缝间距
```

```
z = 1;%光源到接收屏的距离
ymax = 5.5e-4;%确定 y 坐标的最大值
ny = 1000;%精度
p=zeros(ny,ny,3);
y = linspace(-ymax,ymax,ny);
x=y;
x1=-500:500;
y1=0:1000;
[x,y]=meshgrid(x,y);
r1=sqrt((y-d/2).^2+z^2);
r2=sqrt((y+d/2).^2+z^2);
for k=1:7
    phi=2*pi*(r2-r1)/lambda(k);
    I=4*cos(phi/2).^2;
    a(:,:,1)=I/4*rgb(k,1);
    a(:,:,2)=I/4*rgb(k,2);
    a(:,:,3)=I/4*rgb(k,3);
    p=p+a;a=[];
end
image(x(1,:),y(:,1),p/2.5);
title('非单色光波条件下的杨氏双缝干涉图形');
xlabel('x/m');ylabel('y/m');
toc
```

## 3．结果讨论

非单色光波条件下的杨氏双缝干涉仿真结果如图 4-5 所示，由于 y 轴的中心位置对于任何波长的光波来说都是干涉加强的位置，因此任意波长的光波在此处均为干涉增强，呈现白光的图形。在其他位置时，各个单色光波的干涉情况产生差异，沿着 y 轴方向不同单色光波的干涉条纹散落分布，但是仍然有重叠区域，而且波长越长的单色光波，干涉亮纹之间的间距越大。

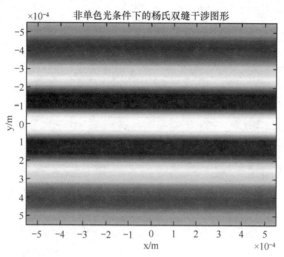

图 4-5　非单色光波条件下的杨氏双缝干涉仿真结果

# 4.3　平面楔形平板等厚干涉

### 1. 背景知识

在 4.1 节的讨论中，主要针对杨氏双缝模型讨论了接收屏上各点的干涉光强。现在讨论平面楔形平板等厚干涉模型，又称劈尖干涉模型。

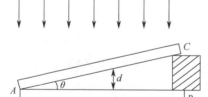

图 4-6　平面楔形平板等厚干涉模型

首先搭建一个如图 4-6 所示的干涉模型，然后用单色光波垂直照射平面楔形平板，入射光波与从平板玻璃表面反射回来的光波发生干涉。由于干涉条纹的光强与光程差有关，考虑半波损失，可以计算劈尖的厚度为 $d$ 处的光程差为

$$\Delta = 2nd + \frac{\lambda}{2} \tag{4.8}$$

基于之前的结论，当

$$\Delta = 2nd + \frac{\lambda}{2} = m\lambda \quad (m = 0, \pm 1, \pm 2, \cdots) \tag{4.9}$$

时，在该点干涉增强，对应的是亮条纹，而当

$$\Delta = 2nd + \frac{\lambda}{2} = \left(m + \frac{1}{2}\right)\lambda \quad (m = 0, \pm 1, \pm 2, \cdots) \tag{4.10}$$

时，在该点干涉抵消，对应暗条纹，所以对于一个折射率均匀的平面楔形平板，条纹是平行于楔棱的一系列直线。

平面楔形平板等厚干涉又称劈尖干涉，可以用于检测劈尖的夹角。在劈尖干涉图形中，当一个条纹过渡到另一个条纹时，光程差变化了一个波长，劈尖的厚度变化为 $\lambda / 2n$，所以劈尖的尖角为 $\lambda / 2ne$，其中 $e$ 表示条纹间距。

**2．动手实践**

在 MATLAB 代码中，设定劈尖干涉的参数，建立空间直角坐标系，在空间中展示劈尖干涉后的条纹图形。

MATLAB 代码如下。

```
clear;
close all;
I0=1;
times=0;
for sita = 0.1:0.005:0.4                          %劈尖的夹角
    times=times+1;
    length = 0.001;                               %劈尖的长度
    lamda = 6.00e−5;
    xmax = 0.001*cos(sita);
    [x,y] = meshgrid(0:0.00001:xmax, 0:0.00001:0.001);
    z = x*tan(sita);
    I = (cos(2*x*tan(sita)*2*pi/lamda+pi)+1)*2*I0;  %默认存在半波损失
```

```
        surf(x,y,z,I);
        set(gcf,'color',[0.667,0.667,1]);
        shading interp;        %对曲面或图形对象进行色彩的插值处理，使其色彩平滑过渡
        colorbar;
        axis equal;
        set(gca,'ZLim',[0 0.0006]);
        set(gca,'XLim',[0 0.001]);
        xlabel('x/m');ylabel('y/m');zlabel('z/m');
        title(['劈尖的夹角为：',num2str(sita/pi*180,4),'°']);
        colormap gray;
        m(:,times) = getframe;
    end
    movie(m,2);
```

### 3. 结果讨论

运行上述 MATLAB 代码，得到的仿真结果如图 4-7 所示。该代码仿真了
劈尖的夹角不断增加时，平面楔形平板表面干涉条纹的变化，即随着劈尖的夹
角的增大，干涉条纹向楔棱方向移动，且干涉条纹数目变多，这与理论推导的
知识相吻合，实现了劈尖干涉。

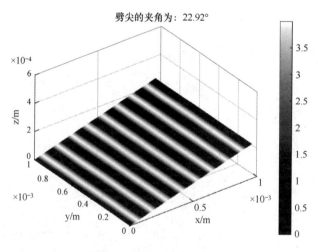

图 4-7  劈尖干涉仿真结果

## 4.4 牛顿环干涉

### 1. 背景知识

牛顿环是一种干涉图形，是一些明暗相间的同心圆环。其模型由一个平凸透镜和平面玻璃构成。当用一个曲率半径很大的平凸透镜的凸面与平面玻璃接触，使用单色光波照射这个平凸透镜和平板玻璃时，能够观察到明暗相间的同心圆环，这就是牛顿环。与 4.3 节的劈尖干涉类似，牛顿环是一种典型的等厚干涉图形。

牛顿环模型如图 4-8 所示。其中，$R$ 为平凸透镜凸面的曲率半径，$d$ 为空气膜的厚度 $(R \gg d)$，$r$ 为牛顿环的半径。平凸透镜的凸面与平板玻璃之间的空气层厚度从中心到边缘逐渐增加。若以平行单色光波垂直照射到牛顿环模型上，则经空气层上、下表面反射的两列光波存在光程差。它们在平凸透镜的凸面相遇后，将发生干涉。在产生的牛顿环中由于同一个圆环上各处的空气层厚度是相同的，因此牛顿环干涉属于等厚干涉。

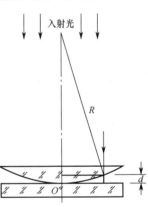

图 4-8　牛顿环模型

对牛顿环干涉进行理论分析，在空气层厚度为 $d$ 的区域，考虑半波损失，空气层上、下表面反射光波的光程差为

$$\Delta = 2n(d+e) + \frac{\lambda}{2} \tag{4.11}$$

与之前的干涉结论相同，当

$$\Delta = 2nd + \frac{\lambda}{2} = m\lambda \quad (m = 0, \pm 1, \pm 2, \cdots) \tag{4.12}$$

时，在该点干涉增强，对应的是亮条纹，而当

$$\Delta = 2nd + \frac{\lambda}{2} = \left(m + \frac{1}{2}\right)\lambda \quad (m = 0, \pm 1, \pm 2, \cdots) \tag{4.13}$$

MATLAB 光学仿真实用教程

时，在该点干涉抵消，对应暗条纹。

## 2. 动手实践

接下来对其进行仿真，设置入射光波的波长为 500nm，平凸透镜凸面的曲率半径为 0.1m，计算观察各点的光程差，得到干涉的光强分布。

MATLAB 代码如下。

```
%牛顿环干涉
clear
clc
Lambda = 500;
Lambda = Lambda*(1e-9); %将 nm 变换为 m
R= 0.1;
n=1; %空气的折射率
A1=1; %上表面反射光的振幅
A2=1; %下表面反射光的振幅
xm=0.0005; %x 坐标的最大值为 50μm
ym=xm; %设置 y 坐标的最大值
ny=1000; %设置取点的个数为 1000
x=linspace(-xm,xm,ny);%使用 linspace 函数生成 0～xm 之间的等间距数组
y=linspace(-m,ym,ny);
[X,Y]=meshgrid(x,y);%绘制二维网格，确定坐标点
r=2*n*(R-sqrt(R^2-X.^2-Y.^2))+Lambda/2; %计算光程差
I=A1^2+A2^2+2*A1*A2*cos(2*pi/Lambda*r); %计算光强
figure(1);
pcolor(X,Y,I); %绘制干涉图样，与 meshgrid 函数对应画图
shading flat;%%去掉黑色网格线，在整个平面着色
colormap gray %使用灰色
title('牛顿环');
xlabel('x/m');
ylabel('y/m');
```

## 3. 结果讨论

牛顿环干涉仿真结果如图 4-9 所示。可以看到，牛顿环是一些明暗相间的同

心圆环，中央为暗纹，靠近中心的圆环较为稀疏，靠近边缘的圆环较为密集。

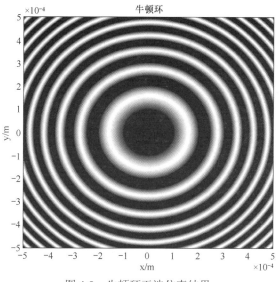

图 4-9　牛顿环干涉仿真结果

修改入射光波的波长为 800nm，重新进行仿真，得到入射光波增大之后的牛顿环干涉仿真结果如图 4-10 所示。在相同的坐标范围内，当入射光波的波长增大之后，牛顿环的圆环数目减少，圆环变宽，靠近中心的圆环更为稀疏。

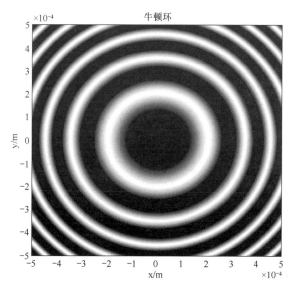

图 4-10　入射光波长增大为 800nm 后的牛顿环干涉仿真结果

# 4.5 柱面楔形平板等厚干涉

### 1. 背景知识

在平面楔形平板等厚干涉模型中，将一个平面楔形平板与一个平板玻璃组合，形成一个有夹角的三角形空气层，在不同的厚度位置，会有不同的干涉图

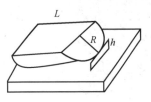

图 4-11 柱面楔形平板等厚干涉模型

形。在 4.5 节的仿真中，我们将平面楔形平板等厚干涉模型中的平面楔形平板换成柱面楔形平板，即用一个柱面玻璃与平板玻璃相连接，所形成的空气层的厚度变化不再是线性的。柱面楔形平板等厚干涉模型如图 4-11 所示。

在高度为 $h$ 的位置处，考虑半波损失，空气层上、下表面反射光波的光程差为

$$\Delta = 2n(h+e) + \frac{\lambda}{2} \tag{4.14}$$

当

$$\Delta = 2nh + \frac{\lambda}{2} = m\lambda \quad (m = 0, \pm1, \pm2, \cdots) \tag{4.15}$$

时，在该点干涉增强，对应的是亮条纹，而当

$$\Delta = 2nh + \frac{\lambda}{2} = \left(m + \frac{1}{2}\right)\lambda \quad (m = 0, \pm1, \pm2, \cdots) \tag{4.16}$$

时，在该点干涉抵消，对应暗条纹。

### 2. 动手实践

接下来对柱面楔形平板等厚干涉进行仿真。首先建立一个坐标系，设置入

射光波的波长为 600nm，计算各点的光程差，代入干涉光强的计算公式得到各点的光强，画出灰度图显示干涉条纹。

MATLAB 代码如下。

```
clear;
[x,y]=meshgrid(0:0.00001:0.004,−0.002:0.00001:0.002);
R=1;
lambda=400*(1e−9);
alpha=0.0001/0.1;
h1=x.*alpha;
h2=R−sqrt(R^2−y.^2);
h=h2+h1;
delta=2*h+lambda/2;
I=4*cos(pi*delta./lambda).^2;
surf(x,y,I)
axis equal;
view(2);
shading interp;
colormap(gray);
xlabel('x/m');ylabel('y/m');
```

### 3. 结果讨论

在 MATLAB 代码中，设置 $h$ 为 0.1mm，$L$ 为 0.1m，$R$ 为 1m。首先建立一个坐标系，得到柱面楔形平板下每个点的空气层高度，从而得到光程差，再代入干涉光强的计算公式进行计算，得到干涉条纹的亮暗情况。柱面楔形平板等厚干涉仿真结果如图 4-12 所示。

修改入射光波的波长，将其增大为 800nm，重新运行 MATLAB 代码，观察仿真结果，如图 4-13 所示。限定在相同的坐标范围内，入射光波增大时，条纹的宽度增加，在区域内的条纹数目减少。

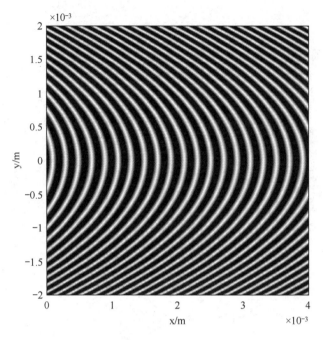

图 4-12　柱面楔形平板等厚干涉仿真结果

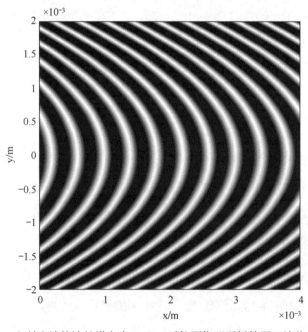

图 4-13　入射光波的波长增大为 800nm 后柱面楔形平板等厚干涉仿真结果

# 4.6　球面楔形平板等厚干涉

### 1. 背景知识

在 4.5 节中，讨论了平板玻璃上方为柱面楔形平板时的等厚干涉图形。在本节中，将柱面楔形平板等厚干涉模型中的柱面玻璃换成球面玻璃，空气层的厚度分布发生变化，构成一个球面楔形平板等厚干涉模型。球面楔形平板等厚干涉模型如图 4-14 所示。

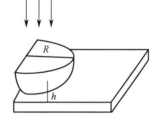

在高度为 $h$ 的位置，考虑半波损失，空气层的上、下表面反射光波的光程差为

图 4-14　球面楔形平板等厚干涉模型

$$\Delta = 2n(h+e) + \frac{\lambda}{2} \tag{4.17}$$

当

$$\Delta = 2nh + \frac{\lambda}{2} = m\lambda \quad (m = 0, \pm 1, \pm 2, \cdots) \tag{4.18}$$

时，在该点干涉增强，对应的是亮条纹，而当

$$\Delta = 2nh + \frac{\lambda}{2} = \left(m + \frac{1}{2}\right)\lambda \quad (m = 0, \pm 1, \pm 2, \cdots) \tag{4.19}$$

时，在该点干涉抵消，对应暗条纹。

### 2. 动手实践

接下来编写 MATLAB 代码对其进行仿真。

MATLAB 代码如下。

```
clear;
[x,y]=meshgrid(0:0.00001:0.004,−0.002:0.00001:0.002);
```

```
R=1;
lambda=600*(1e−9);
h2=R−sqrt(R^2−y.^2−x.^2);
delta=2*h2+lambda/2;
I=4*cos(pi*delta./lambda).^2;
surf(x,y,I)
axis equal;
view(2);
shading interp;
colormap(gray);
xlabel('x/m');ylabel('y/m');
clear
```

### 3. 结果讨论

在 MATLAB 代码中，首先在空间中建立一个 $xOy$ 平面，写出对应点的空气层厚度，代入式（4.17）中得到光程差，然后再代入式（4.1）计算得到各个点处的干涉光强。球面楔形平板等厚干涉仿真结果如图 4-15 所示。

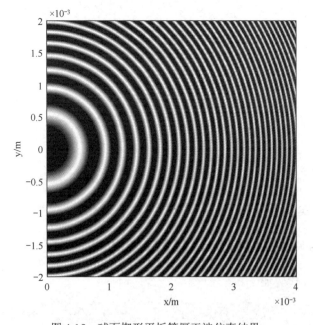

图 4-15　球面楔形平板等厚干涉仿真结果

对所设定的参数进行修改，修改球面楔形平板的半径为 2m，观察增大该半径后的球面楔形平板等厚干涉仿真结果，如图 4-16 所示。可以看到，此时条纹变稀疏，条纹的宽度变大，同一个坐标范围内的条纹数目减少。

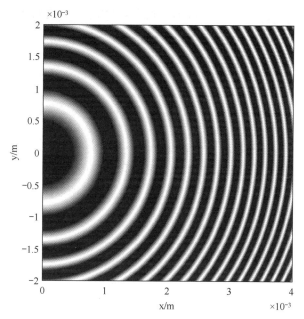

图 4-16　增大球面楔形平板的半径后的球面楔形平板等厚干涉仿真结果

## 4.7　平行平板等倾干涉

### 1. 背景知识

杨氏双缝干涉实验是通过将一个单色光波分成两个相干的子波来产生干涉的，这种实现干涉的方式称为分波前法。同样能产生干涉的方式还有分振幅法，即将一束光波透射到两种介质的分界面上，光波的一部分发生反射而形成反射光波，另一部分发生折射而形成折射光波，这两种光波是相干光波，能够产生干涉。最简单的分振幅干涉装置就是平行平板等倾干涉。它利用透明薄膜的上、下表面对入射光波依次反射、折射，从而产生两列相干光波在空间发生干涉。平行平板等倾干涉模型如图 4-17 所示。

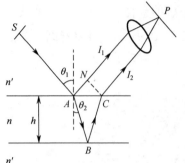

图 4-17 平行平板等倾干涉模型

如图 4-17 所示，一个扩展光源 $S$ 发出一列光波，经过平行平板的上、下表面反射和折射之后，在透镜的后焦面 $P$ 点处相遇，产生干涉现象。此时，利用几何关系和折射定律，并且考虑半波损失，可以得到光程差为

$$\Delta = 2nh\cos\theta_2 + \frac{\lambda}{2} \qquad (4.20)$$

值得注意的是，等倾干涉与之前的等厚干涉是不同的。在等厚干涉中，厚度是改变的量，不同厚度位置的干涉条纹不同。在等倾干涉中，$h$ 代表的是平板玻璃的厚度，是个定值，而光程差只取决于折射角 $\theta_2$，即相同折射角的入射光波构成同一个干涉条纹，所以该条纹称为等倾条纹。

当

$$\Delta = 2nh + \frac{\lambda}{2} = m\lambda \quad (m = 0, \pm1, \pm2, \cdots) \qquad (4.21)$$

时，在该点干涉增强，对应的是亮条纹，而当

$$\Delta = 2nh + \frac{\lambda}{2} = \left(m + \frac{1}{2}\right)\lambda \quad (m = 0, \pm1, \pm2, \cdots) \qquad (4.22)$$

时，在该点干涉抵消，对应暗条纹。

### 2. 动手实践

接下来对平行平板等倾干涉进行仿真。首先设置平行平板的厚度、入射光波波长等参数，然后建立平面直角坐标系，并计算每一点处的光程差，代入计算公式得到干涉光强，从而得到平行平板等倾干涉的干涉图形。

MATLAB 代码如下。

```
clear;
lambda=550e-9;
h=0.01;
```

```
f=1;
n=1.5;
m=0.03;
N=1000;
y=linspace(−m,m,N);
x=y';
r=sqrt(repmat(y,N,1).^2+repmat(x,1,N).^2);
theta_1=atan(r./f);
theta_2=asin(sin(theta_1)*1/n);
phi=2*n*h*cos(theta_2)+lambda/2;
B=2*(1+cos(2*pi*phi/lambda))*60;
image(x,y,B);
colormap(gray(255));
title('平行平板等倾干涉图形');
xlabel('x/m');ylabel('y/m');
clear;
```

### 3. 结果讨论

平行平板等倾干涉仿真结果如图 4-18 所示。平行平板等倾干涉图形为一系列明暗相间的同心圆环，且中心为亮纹，靠近中心的条纹较为稀疏，越远离中心的条纹越密。

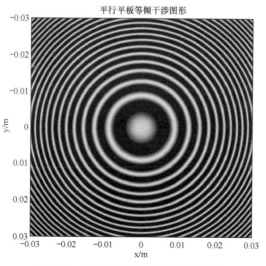

图 4-18　平行平板等倾干涉仿真结果

对平行平板等倾干涉模型进行参数修改，如增大 $h$，再观察修改参数之后的平行平板等倾干涉仿真结果，如图 4-19 所示。当板厚增大为 0.02m 时，平行平板等倾干涉图形的条纹间距减小，条纹变密，条纹宽度减小，整体的条纹数量增加。

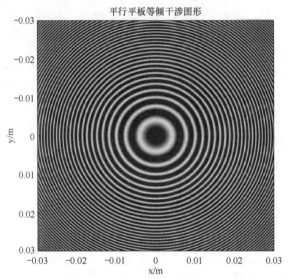

图 4-19　增大平行平板厚度后的平行平板等倾干涉仿真结果

# 4.8　双孔干涉

## 1. 背景知识

双孔干涉模型如图 4-20 所示，从空间中的点光源 $S$ 发出的光波射到光屏的两个小孔 $S_1$ 和 $S_2$ 上，$S_1$ 和 $S_2$ 相距很近，且到点 $S$ 等距。从 $S_1$ 和 $S_2$ 发出的光波是由同一光波分出来的，所以是相干光波。它们在距离光屏为 $D$ 的垂直于 $z$ 轴的接收屏上叠加，形成一定的干涉图形。双孔干涉的基本原理类似于杨氏双缝干涉的基本原理。

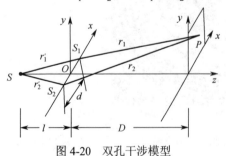

图 4-20　双孔干涉模型

假设 $S$ 是单色点光源，考察接收屏上某点 $P$，从 $S_1$ 和 $S_2$ 发出的光波在 $P$ 点叠加产生的光强为

$$I = I_1 + I_2 + 2\sqrt{I_1 I_2}\cos\delta \qquad （4.23）$$

式中，$I_1$ 和 $I_2$ 分别为两列光波在接收屏上 $P$ 点的光强。若实验装置中 $S_1$ 和 $S_2$ 两个孔大小相等，则有 $I_1 = I_2 = I_0$，经过推导得到 $P$ 点的干涉光强为

$$I = 4I_0 \cos^2\frac{\delta}{2} \qquad （4.24）$$

在图 4-20 所示的坐标系中，有

$$r_1 = \overline{S_1 P} = \sqrt{\left(x - \frac{d}{2}\right)^2 + y^2 + D^2} \qquad （4.25）$$

$$r_2 = \overline{S_2 P} = \sqrt{\left(x + \frac{d}{2}\right)^2 + y^2 + D^2} \qquad （4.26）$$

**2．动手实践**

在空间中，干涉条纹是以 $S_1$ 和 $S_2$ 为焦点的双曲面簇，而在某个接收屏上的干涉条纹则为该接收屏平面与这个双曲面簇的交线。

下面对双孔干涉进行仿真，建立空间的坐标系，计算每点的光程差，代入计算公式得到干涉光强。

MATLAB 代码如下。

```
clear;
lambda=500*(1e-9);
d=0.00001;
D=1;
m=4;
N=1000;
```

```
y=linspace(−m,m,N);
x=y';
r1=sqrt((repmat(y,N,1)−d/2).^2+repmat(x,1,N).^2+D^2);
r2=sqrt((repmat(y,N,1)+d/2).^2+repmat(x,1,N).^2+D^2);
%在 z 轴上观察双孔干涉图像
phi=2*pi*(r2−r1)/lambda;
B=4*cos(phi./2).^2*30;
colormap(gray(100));
image(y,x,B);
title('双孔干涉图形');
xlabel('x/m');ylabel('y/m');
clear;
```

### 3. 结果讨论

运行 MATLAB 代码，得到如图 4-21 所示的仿真结果。可以看到，该仿真结果是一系列的双曲线图形，即一个双曲面簇与平面的交线，与理论结果相同。

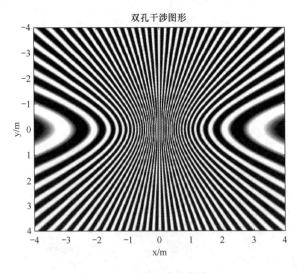

图 4-21 双孔干涉仿真结果

增大两小孔之间的间距 $d$，观察修改该参数后的双孔干涉仿真结果，如图 4-22 所示。增大两小孔间距之后，干涉条纹间距变小，中间的两个最宽的亮条纹的间距变大。

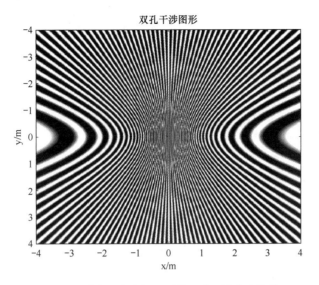

图 4-22  增大两小孔间距后的双孔干涉仿真结果

# 4.9  三孔干涉

### 1. 背景知识

在 4.8 节中讨论的双孔干涉模型与杨氏双缝干涉模型不同的是光波经过小孔变成了球面波。双孔干涉其实是两个球面波在空间中的干涉，而使用接收屏接收到的是一个双曲面簇与接收屏的交线。

在 4.9 节中将讨论三孔干涉。三孔干涉模型如图 4-23 所示，单色光源 $S$ 到 3 个小孔平面的距离为 $l$，3 个小孔 $S_1$、$S_2$ 和 $S_3$ 在平面上呈等边三角形分布，该三角形的边长为 $d$。单色光源 $S$ 经过 3 个小孔之后，小孔作为相干的次级子波源发出球面波，并在接收屏上的一点发生干涉现象。

三孔干涉的基本原理是矢量波的叠加。从 3 个小孔发出的光波在 $P$ 点处的光振动为

$$E_1 = A_1 \exp[\mathrm{i}(kr_1 - \omega_1 t + \delta_1)] \tag{4.27}$$

$$E_2 = A_2 \exp[\mathrm{i}(kr_2 - \omega_2 t + \delta_2)] \tag{4.28}$$

$$E_3 = A_3 \exp[\mathrm{i}(kr_3 - \omega_3 t + \delta_3)] \tag{4.29}$$

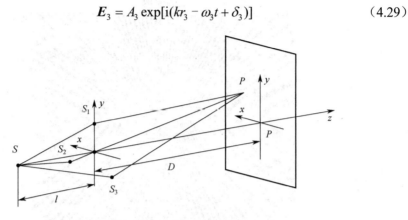

图 4-23　三孔干涉模型

按照光波的叠加原理，其合成的合振动为

$$E = E_1 + E_2 + E_3 \tag{4.30}$$

合振动的光强等于合振动的共轭点积的平均值，即

$$I = \langle E \cdot E^* \rangle \tag{4.31}$$

通过上述计算过程即可得到各个点的干涉光强。

### 2．动手实践

接下来通过 MATLAB 代码对三孔干涉进行仿真。首先计算从 3 个小孔发出的光波在某点处的光振动，然后对其合成，求得合振动的光强。

MATLAB 代码如下。

```
clear;
d=0.000003;
%3 个小孔关于原点均匀分布，呈等边三角形分布，该三角形边长为 d
D=1;
lambda=550*(1e-9);
x1=0;y1=sqrt(3)/3*d;
x2=-d/2;y2=-sqrt(3)/6*d;
x3=d/2;y3=-sqrt(3)/6*d;
```

```
m=5;
N=1000;
y=linspace(−m,m,N);
x=y';
r1=sqrt((repmat(x,1,N) −x1).^2+(repmat(y,N,1) −y1).^2+D^2);
r2=sqrt((repmat(x,1,N) −x2).^2+(repmat(y,N,1) −y2).^2+D^2);
r3=sqrt((repmat(x,1,N) −x3).^2+(repmat(y,N,1) −y3).^2+D^2);
phi1=2*pi*r1/lambda;
phi2=2*pi*r2/lambda;
phi3=2*pi*r3/lambda;
B=exp(i*phi1)+exp(i*phi2)+exp(i*phi3);
image(0.001*x, 0.001*y,B.*conj(B)*40);
colormap(gray(255));
xlabel('x/m');ylabel('y/m');
title(' d=0.003mm 时的三孔干涉图形 ');
```

### 3．结果讨论

在 MATLAB 代码中设定 3 个小孔关于原点均匀分布，构成一个等边三角形，该三角形的边长为 0.03mm，3 个小孔平面和接收屏的距离为 1m。建立平面直角坐标系之后计算每个点的干涉光强，得到三孔干涉仿真结果，如图 4-24 所示。

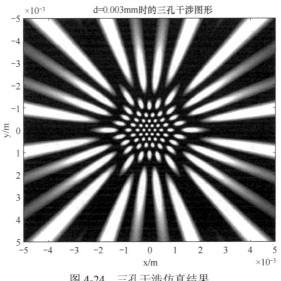

图 4-24　三孔干涉仿真结果

## 4.10 两列平面波干涉

### 1. 背景知识

平面波是传播时的波面为平面的电磁波，是在与传播方向正交的平面上各点都具有相同电场的波。假设平面波沿着空间直角坐标系的 $z$ 方向传播，通过求解波动方程的方法，可以得到平面波的表达式为

$$E = A\cos(\boldsymbol{kr} - \omega t) \tag{4.32}$$

其复数表示形式为

$$\boldsymbol{E} = A\exp[\mathrm{i}(\boldsymbol{kr} - \omega t + \delta)] \tag{4.33}$$

当不同的平面波叠加时，可以先写出两列平面波的表达式，然后在某叠加点处计算两列平面波的矢量和，得到该点处的合振动，再通过计算合振动的共轭点积的平均值即可得到该点的干涉光强，即

$$I = \langle \boldsymbol{E} \cdot \boldsymbol{E}^* \rangle \tag{4.34}$$

### 2. 动手实践

下面对两列传播方向相反的平面波干涉进行仿真。其仿真思路是首先写出两列平面波的表达式，然后在某叠加点处计算两列平面波的矢量和，得到该点处的合振动，然后计算合振动的共轭点积的平均值，并将得到的结果转化为灰度，即可得到两列平面波干涉图形，即一系列明暗相间的黑白条纹。

MATLAB 代码如下。

```
clear;
lambda=500e-9;
A1=1;
a=1;      %振幅比
A2=a*A1;
xm=0.000002;
```

```
ym=0.000002;
N=1001;
xs=linspace(−xm,xm,N);
ys=linspace(−ym,ym,N);
[xs,ys]=meshgrid(xs,ys);
E1=A1.*exp(1i*(xs*2*pi/lambda));        %复振幅，假设两列平面波的传播方向相反
E2=A1.*exp(−1i*(xs*2*pi/lambda));
%E3=A1.*exp(1i*ys*2*pi/lambda);
%E4=A1.*exp(−1i*ys*2*pi/lambda);
E=E1+E2;
I=E.*conj(E);
pcolor(xs,ys,I);
shading flat;
colormap(gray);
xlabel('x/m');ylabel('y/m');
title('两列平面波干涉图形');
```

### 3. 结果讨论

在 MATLAB 代码中，设置两列传播方向相反且振动方向相同的平面波，在空间中进行叠加干涉，得到两列平面波干涉仿真结果，如图 4-25 所示，为明暗相间的直线条纹。

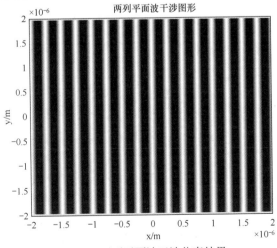

图 4-25　两列平面波干涉仿真结果

## 4.11　传播方向不同的平面波干涉

### 1. 背景知识

在 4.11 节中将讨论传播方向不同的平面波干涉。首先建立两列传播方向不同的平面波，使这两列平面波的波面与接收屏构成一个等腰三角形，其顶角为 $\theta$，然后以等腰三角形的左下顶点 $O$ 为原点，底边为 $x$ 轴，垂直底边为 $y$ 轴建立平面直角坐标系，如图 4-26 所示。假设这两列平面波的振动强度相同且它们满足干涉的条件，而它们的初始相位差为 0，则它们在接收屏上发生干涉，形成一系列的干涉条纹。

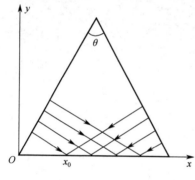

图 4-26　两列传播方向不同的平面波

如果接收屏的长度为 $x_{\max}$，可以得到在接收屏上距离原点 $x_0$ 处，左侧光波的入射光程为

$$r_1 = x_0 \cos \frac{\theta}{2} \tag{4.35}$$

右侧光波的入射光程为

$$r_2 = (x_{\max} - x_0) \cos \frac{\theta}{2} \tag{4.36}$$

将式（4.35）与式（4.36）代入式（4.1）即可求出在接收屏上的干涉光强。

### 2. 动手实践

在 MATLAB 代码中，首先建立直角坐标系，求出接收屏上每点处两列平面波的光程差，然后将其代入干涉光强的计算公式中，再将计算的结果转化为灰度值以体现干涉条纹的亮暗程度。

MATLAB 代码如下。

```
clear
lambda=500*(1e−9);
xmax=5*(1e−6);
theta=2*pi/3;
N=1001;
x=linspace(0,xmax,N);
r1=x*cos(theta/2);
r2=(xmax−x)*cos(theta/2);
Delta=2*pi*(r2−r1)./lambda;
I= 4*(cos(Delta./2)).^2;
GrayLevels=255;
IGray = (I/4.0)*GrayLevels;
image(x,0,IGray);
colormap(gray(GrayLevels));
xlabel('x/m');
title('传播方向不同的两列平面波干涉图形');
```

## 3．结果讨论

运行 MATLAB 代码，设置两列平面波的夹角为 $\pi/2$，得到的传播方向不同的两列平面波干涉仿真结果，如图 4-27 所示，可以看到产生的是一系列的明暗相间条纹，与理论结论一致。之后，分别改变两列平面波的夹角为 $\pi/3$ 和 $2\pi/3$，并讨论干涉条纹的变化情况。

将两列平面波的夹角改为 $\pi/3$ 后，运行 MATLAB 代码，得到的干涉仿真结果如图 4-28 所示。

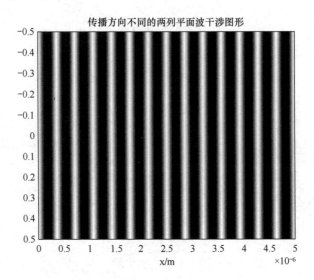

图 4-27  传播方向不同的两列平面波干涉仿真结果

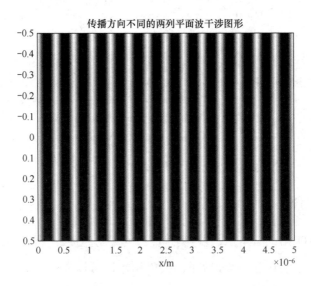

图 4-28  改变两列平面波夹角为 π/3 时的干涉仿真结果

由图 4-28 可见，干涉条纹变细，且亮纹与暗纹的间距变短。再将两列平面波的夹角改为 2π/3，得到的干涉仿真结果如图 4-29 所示。

由图 4-29 可见，当两列平面波的夹角增大时，干涉条纹的宽度增加，亮纹和暗纹的间距也增加，整体条纹变粗。

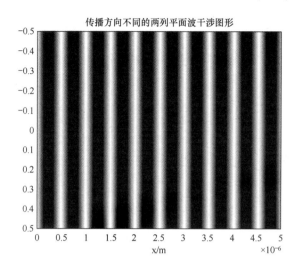

图 4-29　改变两列平面波夹角为 $2\pi/3$ 时的干涉仿真结果

# 4.12　平面波与球面波干涉

### 1. 背景知识

在由均匀介质构成的空间中放置一个点光源，可以想象到点光源发出的光波将以相同的速度朝着各个方向传播，经过一段时间后，所到达的各点将构成一个以点光源为圆心的球面，这样的光波就称为球面波。

在传播的过程中，球面波的振幅是变化的。随着传播距离增大，这个球面也逐渐变大，而单位时间内通过球面的能量是不变的，因此，这个球面的单位面积内通过的能量将越来越少，相应波的振幅也就越来越小。经过理论推导发现，球面波的振幅与传播距离成反比，因此球面波的表达式可以写成

$$E = \frac{A_1}{r}\cos(kr - \omega t) \tag{4.37}$$

将其改写成复振幅的形式为

$$E = \frac{A_1}{r}\exp[i(kr - \omega t)] \tag{4.38}$$

球面波与平面波在满足干涉条件时可以发生干涉，并在接收屏上产生一系列明暗相间的黑白条纹。球面波与平面波干涉模型如图 4-30 所示。

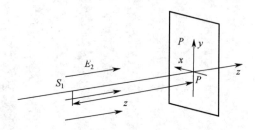

图 4-30　平面波与球面波干涉模型

在图 4-30 中，$S_1$ 为点光源，$S_1$ 发出球面波；$E_2$ 为平面波。这两种光波在 $z=0$ 的平面上发生干涉。

在接收屏上（$x,y$）点处，点光源 $S_1$ 与该点的距离为

$$r_1 = \sqrt{x^2 + y^2 + z^2} \tag{4.39}$$

则球面波在该点处的表达式为

$$E_1 = \frac{A}{r_1}\exp(ikr_1) \tag{4.40}$$

平面波在该点处的表达式为

$$E_2 = A\exp(ikz) \tag{4.41}$$

该点处两种光波的合振动的表达式为

$$E = E_1 + E_2 \tag{4.42}$$

该点处合振动的光强可以通过计算合振动的共轭点积的平均值得到，即

$$I = \langle E \cdot E^* \rangle \tag{4.43}$$

通过平面波和球面波复振幅的叠加，可以计算任意位置、任意强度、任意方向的球面波和平面波的合振动，只要指定球面波的位置、平面波的方向角及这两种波的振幅等参数。

### 2. 动手实践

在 MATLAB 代码中首先建立一个坐标系，输入点光源的位置，以及平面波的传播方向矢量，然后依次计算接收屏上各点处的合振动，再计算合振动的共轭点积的平均值，从而得到干涉条纹。

MATLAB 代码如下。

```
clear
clc
Lambda = 500;
Lambda = Lambda*(1e−9); %将 nm 转化为 m
a=[0,0,0];
[m1,n1,t1]=size(a);          %求球面波源的数目
a=a.*1e−3;                   %将坐标单位转化为 m
D=2;                         %设置接收屏到原点的距离为 2m
A=1;                         %球面波振幅
b=[0,0,1];
[m2,n2]=size(b);             %求平面波源数目
B=1;                         %平面波振幅
ymax=0.0035;                 %设置 y 坐标的最大值
xmax=ymax;                   %设置 x 坐标的最大值
ny=1000;                     %取点的个数为 1000
ys=linspace(−ymax,ymax,ny);
xs=linspace(−xmax,xmax,ny);
%使用 linspace 函数生成−xm～xm 之间的等间距数组，即在−xm～xm 之间取 1000 个等
%间隔的数值形成一维数组赋给 x
[X,Y]=meshgrid(xs,ys); %使用 meshgrid 函数生成网格
E=0;                         %初始化光波复振幅和
for i=1:m1
    r1=sqrt((X−a(i,1)).^2+(Y−a(i,2)).^2+(D−a(i,3))^2);
    %从球面波源发出的光波到接收屏上所有采样点的光程
    E1=A(i)./(r1).*exp(1i*r1*2*pi/Lambda);    %每个球面波的复振幅
    E=E1+E;                                   %球面波复振幅叠加
```

```
end
for i=1:m2
    r2=(X*b(i,1)+Y*b(i,2)+D*b(i,3));          %平面波的方向投影
    E2=B(i)*exp(1i*r2*2*pi/Lambda);           %每个平面波的复振幅
    E=E+E2;                                    %平面波的复振幅叠加
end
I=abs(E).^2;                                   %计算每个点的光强
NCLevels = 255;
Br=I*NCLevels/max(max(I));                     %计算每个点的相对光强，并赋予一个色度值
image (xs,ys,Br);                              %使用 image 函数绘制干涉图形
colormap (gray( NCLevels))
title('平面波与球面波干涉图形');
xlabel('x/m');
ylabel('y/m');
```

### 3. 结果讨论

在 MATLAB 代码中，将点光源放在原点处，平面波沿着 $z$ 轴正方向传播，并使得平面波与球面波的振幅均为 1，可以得到如图 4-31 所示的干涉条纹，为一圈一圈的同心圆，中心区域为亮纹。

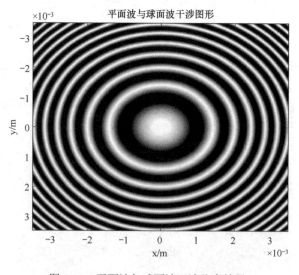

图 4-31  平面波与球面波干涉仿真结果

当改变平面波的振幅为 2，其余条件均不变时，得到的仿真结果如图 4-32 所示。可以看到，振幅改变之后，干涉条纹的可见度变低，而整体的条纹分布不变。

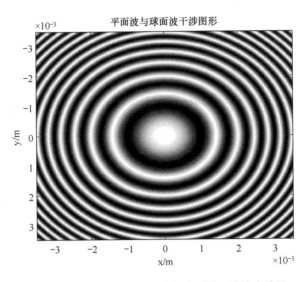

图 4-32　改变振幅之后平面波与球面波干涉仿真结果

## 4.13　球面波与球面波干涉

### 1. 背景知识

在 4.12 节中，我们知道点光源在空间中发出的光波沿着同一个速度前进，经过一段时间之后光波达到的各点是一个球面，所以点光源发出的光波是球面波。可以将球面波记为

$$E = \frac{A_1}{r}\cos(kr - \omega t) \tag{4.44}$$

球面波模型如图 4-33 所示。

使用图 4-33 所示的球面波源作为干涉光源，建立一个球面波与球面波干涉模型，如图 4-34 所示。

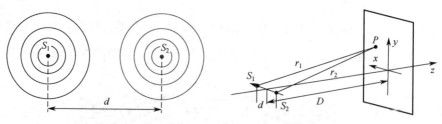

图 4-33 球面波模型　　　　　图 4-34 球面波与球面波干涉模型

在图 4-33 中，$S_1$ 和 $S_2$ 分别是空间的两个点光源，这两个点光源之间的距离为 $d$，接收屏离这两个点光源的距离为 $D$，且在接收屏上产生干涉条纹。

首先写出这两个点光源发出的光波为

$$E_1 = \frac{A}{r_1}\exp[\mathrm{i}(kr_1 - \omega t)] \tag{4.45}$$

$$E_2 = \frac{A}{r_2}\exp[\mathrm{i}(kr_2 - \omega t)] \tag{4.46}$$

计算在 $P$ 点处的合振动为

$$E = E_1 + E_2 \tag{4.47}$$

通过式（4.43）计算合振动的共轭点积的平均值得到合振动的光强。

### 2．动手实践

在 MATLAB 代码中首先建立平面直角坐标系，计算接收屏上各个点对于两个点光源的光程差，然后计算得到各个点的干涉光强，得到球面波与球面波的干涉图形。

```
clear
clc
Lambda = 500;
Lambda = Lambda*(1e-9); %将 nm 转化为 m
a=[0,0, -1000;0,0,1000];
[m1,n1,t1]=size(a);        %求球面波源的数目
a=a.*1e-3;                 %将坐标单位转化为 m
```

```
D=2;                        %设置接收屏到原点的距离为 2m
A=[1,1];                    %球面波振幅
ymax=0.0035;                %设置 y 的范围
xmax=ymax;                  %设置 x 的范围
ny=1000;                    %取点的个数为 1000
ys=linspace(-ymax,ymax,ny);
xs=linspace(-xmax,xmax,ny);
%使用 linspace 函数生成-xm～xm 之间的等间距数组，即在-xm～xm 之间取 1000 个等
%间隔的数值形成一维数组赋值给 x
[X,Y]=meshgrid(xs,ys);   %使用 meshgrid 函数生成网格
E=0;                        %初始化光波复振幅和
for i=1:m1
    r1=sqrt((X-a(i,1)).^2+(Y-a(i,2)).^2+(D-a(i,3))^2);
%从球面波源发出的光波到接收屏上所有采样点的光程
    E1=A(i)./(r1).*exp(1i*r1*2*pi/Lambda);     %每个球面波源的复振幅
    E=E1+E;                                    %球面波复振幅叠加
end

I=abs(E).^2;                          %计算每个点的光强
NCLevels = 255;
Br=I*NCLevels/max(max(I));            %计算每个点的相对光强，并赋予一个色度值
image (xs,ys,Br);                     %使用 image 函数绘制干涉图样
colormap (gray( NCLevels))
title('球面波与球面波干涉图形');
xlabel('x/m');
ylabel('y/m');
```

## 3．结果讨论

建立平面直角坐标系之后，将两个点光源的距离设定为 1m，两个点光源到接收屏的距离设定为 2m，运行 MATLAB 代码，观察仿真结果，如图 4-35 所示。可以看到，球面波与球面波在两个点光源的连线方向上的干涉条纹是一簇同心圆环。

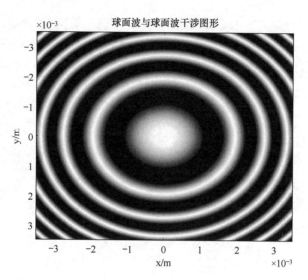

图 4-35　球面波与球面波干涉仿真结果

# 4.14　迈克耳孙干涉仪

### 1．背景知识

迈克耳孙干涉仪是由美国物理学家迈克耳孙和莫雷合作研究制造出的一种精密光学仪器。它利用分振幅法产生双光束来实现干涉，主要用于测量长度和折射率，在近代物理和计量技术中有重要的应用。

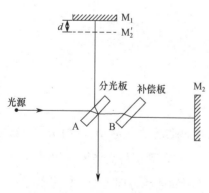

图 4-36　迈克耳孙干涉仪模型

迈克耳孙干涉仪模型如图 4-36 所示。

在图 4-36 中，A 和 B 分别代表两块平行放置的平板玻璃，且它们的折射率和厚度完全相同。在 A 的背面镀有半反射膜。A 称为分光板，B 称为补偿板。$M_1$ 和 $M_2$ 为两块平面反射镜，分别装在与分光板均成 45° 的彼此垂直的两臂上。其中，$M_1$ 固定不动，$M_2$ 可以沿着臂轴的方向前后平移。

在图 4-36 中，由光源发出的光波经过分光板之后分成两部分，分别近似垂直地入射在平面反射镜 $M_1$ 和 $M_2$ 上。由 $M_1$ 反射的光波回到分光板后的一部分透过分光板沿向下箭头方向传播，而由 $M_2$ 反射的光波回到分光板后的一部分沿向下箭头方向被反射。由于两者是相干光波，在箭头处放置接收屏即可观察到相干条纹。

光波自 $M_1$ 和 $M_2$ 上的反射相当于从相距为 $d$ 的平面镜 $M_1$ 和 $M_2'$ 上的反射。其中，$M_2'$ 是平面镜 $M_2$ 由分光板所成的虚像。因此，迈克耳孙干涉仪所产生的干涉条纹与厚度为 $d$ 没有多次反射的平行平板所产生的干涉完全一样。

迈克耳孙干涉仪的干涉属于分振幅干涉，所产生的干涉条纹的特性与光源、照明方向、$M_1$ 和 $M_2$ 之间的相对位置有关。调整 $M_2$，使得 $M_1$ 和 $M_2$ 之间的角度发生变化，可以分别得到等倾干涉和等厚干涉条纹，这里讨论等倾干涉条纹。

当 $M_1$ 和 $M_2$ 之间严格垂直，即 $M_1$ 和 $M_2'$ 严格平行时，所得到的干涉条纹为等倾干涉条纹。两列相干光波的光程差通过式（4.20）计算得出。当 $M_1$ 和 $M_2'$ 之间的距离 $d$ 减小时，等倾干涉条纹将缩小其半径，直至缩到中心消失；当 $M_1$ 和 $M_2'$ 之间的距离 $d$ 增大时，条纹将会向外围增加。每增加或者减少一个圆环，$d$ 就相应地增加或者减少 $\lambda/2$。如果增加或者减少的圆环数为 $N$，那么 $d$ 的改变量为

$$\Delta d = N\lambda/2 \tag{4.48}$$

在实际应用中，可以由已知波长得到 $M_2$ 移动的距离 $\Delta d$。相反地，可以由已知 $\Delta d$ 求得波长。

**2. 动手实践**

在 MATLAB 代码中，首先建立直角坐标系，计算各个点处两列相干光波

的光程差，然后计算该点处的干涉光强，并得到干涉图形。

MATLAB 代码如下。

```
clear;
lambda=550c 9;
h=0.01;
f=1;
n=1.5;
m=0.02;
N=1000;
y=linspace(-m,m,N);
x=y';
r=sqrt(repmat(y,N,1).^2+repmat(x,1,N).^2);
theta_1=atan(r./f);
theta_2=asin(sin(theta_1)*1/n);
phi=2*n*h*cos(theta_2)+lambda/2;
B=2*(1+cos(2*pi*phi/lambda))*60;
image(x,y,B);
colormap(gray(255));
xlabel('x/m');ylabel('y/m');
title('迈克耳孙干涉图形');
clear;
```

### 3. 结果讨论

设两个平面反射镜的间距为 0.01m，可以看到一圈圈明暗相间的同心圆，为等倾干涉条纹。迈克耳孙干涉仿真结果如图 4-37 所示。

修改两个平面反射镜的间距，将其增大为 0.02m，仿真结果如图 4-38 所示。与两个平面反射镜的间距为 0.01m 时的迈克耳孙干涉图形相比，此时的迈克耳孙干涉图形，整体的条纹数目增多，条纹变密，符合等倾干涉条纹的特点。

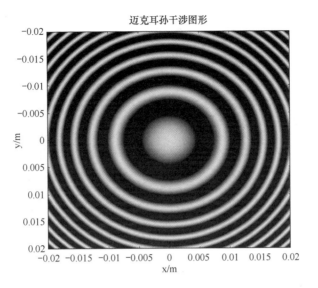

图 4-37 迈克耳孙干涉仿真结果

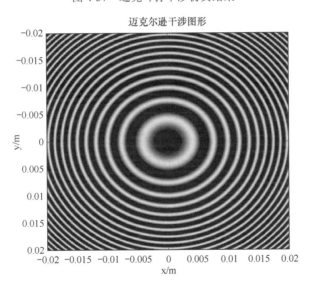

图 4-38 增大两个平面反射镜的间距为 0.02m 后的迈克耳孙干涉仿真结果

再次修改平面反射镜的间距,将其减小为 0.005m,运行 MATLAB 代码,得到的迈克耳孙干涉仿真结果如图 4-39 所示。与两个平面反射镜的间距为 0.01m 和 0.02m 时的迈克耳孙干涉图形相比,此时的迈克耳孙干涉图形,条纹稀疏,整体的条纹数目减少,也符合等倾干涉的条纹特点。

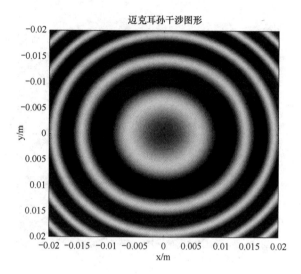

图 4-39　减小两个平面反射镜的间距为 0.005m 后的迈克耳孙干涉仿真结果

# 4.15　空间相干性

### 1. 背景知识

在杨氏双缝干涉和双孔干涉的仿真实验中，我们总是将光源看成一条狭缝或者点光源。然而，实际光源总有一定的大小，包含着众多的点光源，从而在干涉装置中可以形成一组组相干点光源。各组相干点光源产生各自的一组干涉条纹。这样，总的干涉光强的分布就不再呈现理想的明暗相间的条纹。

在杨氏双缝干涉实验中，验证空间相干性的实验模型如图 4-40 所示。

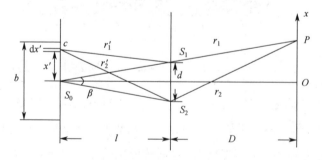

图 4-40　验证空间相干性的实验模型

在图 4-40 中，$S_0$ 是宽度为 $b$ 的光源，$S_1$ 和 $S_2$ 是两个距离为 $d$ 的狭缝。其中，光源与狭缝之间的距离为 $l$，接收屏与狭缝之间的距离为 $D$。

在计算实际光源产生的干涉光强时，首先要将实际光源分成一个个点光源，计算每个点光源产生的光强，叠加之后得到总的干涉光强分布。

设光源产生的光强为 $I_0$，将光源分解成若干个宽度为 $\mathrm{d}x'$ 的点光源，每个点光源产生的光强为 $\dfrac{I_0\mathrm{d}x'}{b}$。

从 $C$ 点发出的光波到达 $P$ 点处时，两个相干光波的光程差为

$$\Delta = (r_2 - r_1) + (r_2' - r_1') \tag{4.49}$$

其中

$$r_2 - r_1 = \frac{d}{D}x \tag{4.50}$$

$$r_2' - r_1' = \frac{d}{l}x' = \beta x' \tag{4.51}$$

式中，$\beta$ 为干涉孔径角。

由式（4.1）可得 $C$ 点处的点光源在 $P$ 处产生的光强为

$$\mathrm{d}I = \frac{2I_0\mathrm{d}x'}{b}\Big[1 + \cos k(r_2 - r_1 + r_2' - r_1')\Big] \tag{4.52}$$

对式（4.52）进行积分可以得到宽度为 $b$ 的整个光源在 $P$ 点处的干涉光强为

$$I = 2I_0 b\left[1 + \frac{\sin(\pi b\beta / \lambda)}{\pi b\beta / \lambda}\cos\left(\frac{2\pi}{\lambda}\cdot\frac{d}{D}x\right)\right] \tag{4.53}$$

通过计算该点处的干涉光强的极大值和极小值，得到该点处的条纹对比度为

$$K = \left|\frac{\lambda}{\pi b\beta}\sin\left(\frac{\pi b\beta}{\lambda}\right)\right| \tag{4.54}$$

由式（4.54）可知，当光源宽度 $b$ 趋近于 0 时，条纹对比度 $K$ 趋近于 1；随着光源宽度 $b$ 的不断增大，条纹对比度 $K$ 通过一系列的极大值和极小值之后逐渐趋近于 0。

### 2．动手实践

首先通过式（4.54）绘制出条纹对比度随着光源宽度变化的曲线，然后设定参数，仿真光源宽度变化时接收屏上的干涉条纹变化情况。

绘制条纹对比度曲线的 MATLAB 代码如下。

```
%%绘制条纹对比度曲线
clear;
L=550*(1e-9);
l=0.1;
d=0.002;
D=1;
I0=1;
x=-0.001:0.000001:0.001;
y=x;
b=linspace(0,8e-5,1000);
a=pi*b*d/(l*L);
K=abs(sin(a)./a);
figure(1);
plot(b,K);
set(gca,'XTick',[0:L*l/d:8e-5]);
xlabel(' b/m');
ylabel(' K');
title('条纹对比度随光源宽度变化的曲线');
```

验证空间相干性的 MATLAB 代码如下。

```
%验证空间相干性
clear;
lmd=550e-9;
```

```
d=0.002;
D=1;
l=0.1;
b=0.0000000000000001;
bt=d/l;
kk=pi*b*bt/lmd;
k=(2*pi)/lmd;
o=d/D;
x=−0.003:0.00005:0.003;
%y=−0.005:0.00005:0.005;
[X,Y]=meshgrid(x,y);
I=1.+((sin(kk)./kk).*(cos(k.*o.*X)));
I0=1.+((sin(kk)./kk).*(cos(k.*o.*x)));
subplot(2,1,1)
surf(X,Y,I);
title('光源宽度 b≈0 时的干涉图形');
view(2);
colormap(gray);
shading interp;
xlabel('x/m');ylabel('y/m');
subplot(2,1,2)
plot(x,I0);
xlabel('x/m');ylabel('y/m');
```

### 3．结果讨论

首先绘制条纹对比度随光源宽度变化的曲线，如图 4-41 所示。当光源宽度为 0 时，条纹对比度为 1；随着光源宽度不断增大，条纹对比度经过几个极大值和极小值，最后趋于 0。

接下来通过双缝干涉实验验证条纹对比度的变化情况。设置光源宽度为 $10^{-6}\,\mathrm{m}$（趋于 0），观察此时的干涉图形，如图 4-42 所示。

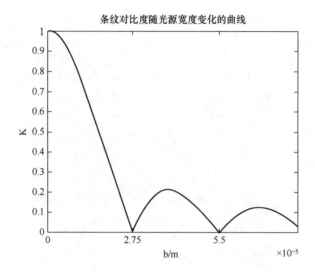

图 4-41　条纹对比度随光源宽度变化的曲线仿真结果

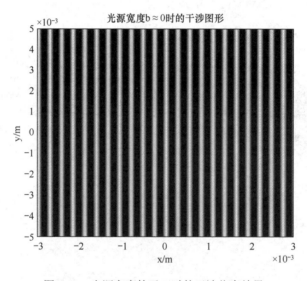

图 4-42　光源宽度趋于 0 时的干涉仿真结果

　　将光源宽度设置为 $2.75 \times 10^{-5}\,\text{m}$，观察此时的干涉图形，如图 4-43 所示。此时在接收屏上，看不到明暗相间的干涉条纹，条纹对比度很低。

　　接着将光源宽度增大为 $5 \times 10^{-5}\,\text{m}$，观察此时的干涉图形，如图 4-44 所示。此时，明暗相间的干涉条纹比较明显，条纹对比度相比光源宽度为 $2.75 \times 10^{-5}\,\text{m}$ 时的更大。

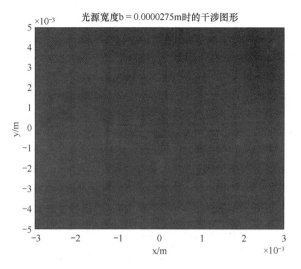

图 4-43　光源宽度为 $2.75×10^{-5}$ m 时的干涉仿真结果

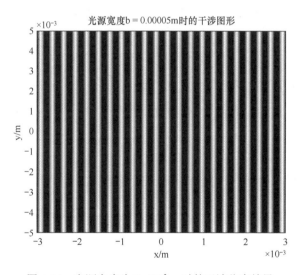

图 4-44　光源宽度为 $5×10^{-5}$ m 时的干涉仿真结果

综上，由图 4-42～图 4-44 可见，当光源宽度趋于 0 时，光源可以看成点光源，条纹对比度比较大，明暗相间的干涉条纹清晰；当光源宽度达到 $2.75×10^{-5}$ m 时，根据式（4.54），此时条纹对比度很低，看不到明暗相间的干涉条纹，符合理论结果；继续将光源宽度增大为 $5×10^{-5}$ m，此时条纹对比度又增大，明暗相间的干涉条纹清晰可见，符合理论结果。

# 4.16　时间相干性

## 1. 背景知识

在 4.15 节中讨论了实际光源宽度问题，分析了当光源宽度不同时在接收屏上显示的干涉条纹变化情况。然而与理想光源相比，实际光源不仅具有一定的光源宽度，而且具有一定的光谱宽度 $\Delta\lambda$。在讨论空间相干性时，不同位置的点光源会产生不同的条纹，条纹之间相互叠加从而影响条纹对比度。在对光源光谱宽度的讨论中同样存在这个问题，光谱宽度 $\Delta\lambda$ 范围内的每条谱线都能各自形成一组干涉条纹，各组干涉条纹叠加使得条纹对比度下降。

为了计算方便，我们引入表示 $\Delta\lambda$ 的波数 $k$，即

$$k = \frac{2\pi}{\lambda} \tag{4.55}$$

设光源产生的光强谱密度为 $I_0$，光程差为 $\Delta$，对于一个光谱宽度为 $\Delta\lambda$ 的光源，其谱线在接收屏产生的光强为

$$\mathrm{d}I = 2I_0\mathrm{d}k[1+\cos(k\Delta)] \tag{4.56}$$

对式（4.56）进行积分得到所有谱线在接收屏产生的光强为

$$I = 2I_0\Delta k\left[1+\frac{\sin\left(\Delta k \cdot \dfrac{\Delta}{2}\right)}{\Delta k \cdot \dfrac{\Delta}{2}}\cos(k_0\Delta)\right] \tag{4.57}$$

式中，$k_0$ 为中心波数。

计算干涉光强的极大值和极小值，得到干涉条纹的条纹对比度为

$$K = \left|\frac{\sin\left(\Delta k \cdot \dfrac{\Delta}{2}\right)}{\Delta k \cdot \dfrac{\Delta}{2}}\right| \tag{4.58}$$

当实际光源有光谱宽度时，条纹对比度受到光程差的影响。当 $\Delta k \cdot \dfrac{\Delta}{2} = \pi$ 时，可以求得第一个 $K$ 为 0 对应的光程差，导出此时的光程差为相干长度，即

$$\Delta_{\max} = \frac{\lambda^2}{\Delta\lambda} \tag{4.59}$$

接下来在杨氏双缝干涉实验中仿真光源光谱宽度对干涉条纹对比度的影响。

### 2．动手实践

在 MATLAB 代码中，首先设置参数，将光源的中心波长设置为 500nm，光谱宽度设置为 1nm，然后建立一个杨氏双缝干涉模型，绘制条纹对比度随着光程差变化的曲线，并在杨氏双缝干涉模型中调节光源的光谱宽度，得到相应的仿真结果。

绘制条纹对比度曲线的 MATLAB 代码如下。

```
%时间相干性
clear;

%定义变量
lambda=500*(1e-9);  %光源产生的光波波长平均值
n=0.002;
deltalambda=2*n*lambda;  %光源的光谱宽度
deltak=2*pi/(1-n)/lambda-2*pi/(1+n)/lambda;  %带宽
k0=2*pi/lambda;
d=0.1;  %双缝间距
D=2;  %缝到接收屏的距离
i0=1;  %光强谱密度
[X,Y]=meshgrid(-0.01:0.00005:0.01,-0.01:0.00005:0.01);%接收屏上的采样点

%公式计算
r1=sqrt((X-d/2).^2+Y.^2+D^2);
r2=sqrt((X+d/2).^2+Y.^2+D^2);
delta=abs(r2-r1);%光程差
K1=sin(deltak*delta./2)*2./delta./deltak;
```

```
I=2*i0*deltak*(1+K1.*cos(k0*delta));
deltamax=lambda^2/deltalambda;   %相干长度
delta0=linspace(0,5*deltamax,100); %条纹对比度随光程差变化的曲线横坐标
K=abs(sin(deltak*delta0./2)*2./delta0./deltak);%条纹对比度
axis([0 5*deltamax 0 1.5]);
plot(delta0,K);
title('光谱宽度为 1nm 时条纹对比度随光程差变化的曲线');
xlabel('x/m');ylabel(' K ');
```

使用具有光谱宽度的光源进行杨氏双缝干涉的 MATLAB 代码如下。

```
clear;
x=-0.01:0.00005:0.01;
y=x;
[X,Y]=meshgrid(x,y);
lmd=500e-9;
detlmd=1e-9;
detk=2*pi*detlmd/(lmd^2);
d=0.1;
D=2;
det=X*d/D;
aa=detk*det/2;
I=detk*(1+(sin(aa)./aa).*cos((2*pi*X*250000e-9)./lmd));
mesh(X,Y,I);
view(2);
title('光谱宽度为 1nm 时的杨氏双缝干涉图形');
xlabel('x/m');ylabel('y/m');
colormap(gray);
```

### 3. 结果讨论

首先根据所设置好的参数绘制条纹对比度在光谱宽度为 1nm 时关于光程差变化的曲线，如图 4-45 所示。

由图 4-45 可见，当光程差逐步增大时，条纹对比度经过几个极大值和极小值之后降低为 0，计算得到第一个 $K$ 为 0 时 $x$ 为 0.000 126m，这意味着当光程差达到 0.000 126m 时条纹对比度会降为 0。

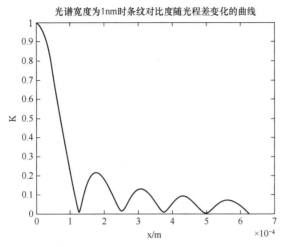

图 4-45　光谱宽度为 1nm 时条纹对比度随光程差变化的曲线仿真结果

接着运行使用具有光谱宽度的光源进行杨氏双缝干涉的 MATLAB 代码，观察不同光程差下的干涉条纹对比度情况。光谱宽度为 1nm 时的杨氏双缝干涉仿真结果如图 4-46 所示。

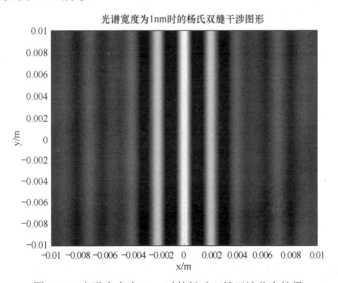

图 4-46　光谱宽度为 1nm 时的杨氏双缝干涉仿真结果

由图 4-46 可见，当在接收屏上距离原点为 0.002 5m 时，条纹对比度降低至 0。通过式（4.4）计算出此时的光程差为 0.000 125m，与图 4-45 中条纹对比度降低为 0 时所对应的光程差符合。

# 第 5 章　光的衍射仿真

第 4 章介绍了光的各种干涉实验，证明了光具有波动性。第 5 章将再次为大家展现光的波动性，研究光的衍射现象。在实际生活中，我们经常看到树林中零零散散的光斑，这就是光的衍射现象。光的衍射指的是光波在传播过程中遇到障碍物时，会偏离原来的传播方向，弯入障碍物的几何影区内，并在区域内形成光强的不均匀分布。

使光发生衍射的障碍物可能是小孔、狭缝、光栅等。光的衍射是说明光具有波动性的重要标志之一。最早运用波动光学原理解释衍射现象的人是菲涅耳。他对惠更斯的理论进行补充，更好地解释了光的衍射。在现代光学和科学技术中，光的衍射可以用于光谱分析、结构分析等。

## 5.1　单缝单色衍射

### 1. 背景知识

单缝单色衍射是最经典的衍射，其衍射模型如图 5-1 所示。在图 5-1 中，从左到右分别为点光源、准直透镜 $L_1$、单缝、接收屏前的透镜 $L_2$ 和接收屏。首先由点光源发出光波，通过准直透镜 $L_1$ 之后变为平行光波，然后通过单缝之后发生衍射，再经过接收屏前的透镜 $L_2$ 之后聚焦在接收屏上，便呈现出衍射现象的条纹。

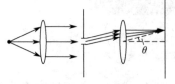

图 5-1　单缝单色衍射模型

由于单缝可以认为是一个方向宽度比另一个方向宽度大很多的矩形孔（简

称矩孔），因此在平行于单缝方向的衍射效应不明显，可以忽略。假设平行于单缝的方向为 $x$ 轴，垂直于单缝的方向为 $y$ 轴，衍射现象只分布在 $y$ 轴方向。

单缝单色衍射的光强为

$$I = I_0 \left( \frac{\sin \alpha}{\alpha} \right)^2 \tag{5.1}$$

其中

$$\alpha = \frac{kla}{2} = \frac{ka}{2} \sin \theta \tag{5.2}$$

$$\theta = \frac{x}{f} \tag{5.3}$$

式中，$k$ 为波数；$a$ 为缝宽；$\theta$ 为衍射角；$f$ 为接收屏前透镜的焦距。式（5.1）中的 $\left( \frac{\sin \alpha}{\alpha} \right)^2$ 又称单缝衍射因子。由式（5.1）（单缝单色衍射光强公式）可知，当 $\alpha = 0$ 时，单缝单色衍射的光强有极大值；当 $\alpha = \pm\pi, \pm 2\pi, \pm 3\pi, \cdots$ 时，单缝单色的衍射光强有极小值（$I = 0$），此时

$$a \sin \theta = n\lambda \quad (n = \pm 1, \pm 2, \cdots) \tag{5.4}$$

由此可以推导得到中央亮纹的宽度为 $\frac{2\lambda f}{a}$，衍射条纹的间距（相邻两暗纹之间的距离）为

$$e = \frac{\lambda f}{a} \tag{5.5}$$

**2. 动手实践**

在 MATLAB 代码中，建立平面直角坐标系，计算每个点处单缝单色的衍射光强，将得到的结果转化为灰度值来表现亮度。

```
clear;
lambda=500e-9;
```

```
a=0.00025;
f=0.5;
yMax=0.02;
Ny=501;
Np=51;
ys=linspace(-yMax,yMax,Ny);
yP=linspace(-a/2,a/2,Np);
for i=1:Ny
    sinphi=ys(i)/f;
    aerfa=2*pi/lambda*a/2.*sinphi;
    B(i,:)=(sin(aerfa)/aerfa)^2;
end
N=255;
Br=(B/max(B))*N;
subplot(1,2,1);
image(yMax,ys,Br);
xlabel('x/m');ylabel('y/m');
title('单缝单色衍射图形');
colormap(gray);
subplot(1,2,2);
plot(B,ys);
xlabel(' I/cd');ylabel('y/m');
title('单缝单色衍射光强曲线');
```

## 3. 结果讨论

在 MATLAB 代码中，设置缝宽为 0.25mm、波长为 500nm、透镜焦距为 50cm，观察此时接收屏上的衍射图形及光强曲线，如图 5-2 所示。

由图 5-2 可见，中央有一条亮条纹，周围分布着衍射光强的极大值和零点。

修改 MATLAB 代码中的参数，将波长增大为 1000nm，重新运行 MATLAB 代码，观察仿真结果，如图 5-3 所示。

由图 5-3 可见，相比于图 5-2，波长增大后，中心亮条纹的宽度也有所增加，且在其光强曲线上相邻两个零点间的距离也增大。

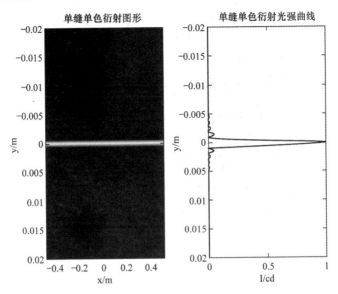

图 5-2　单缝单色衍射仿真结果

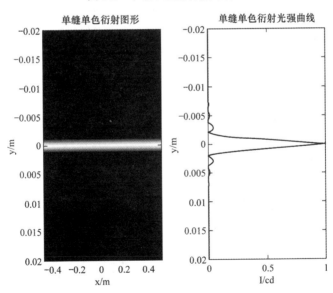

图 5-3　波长为 1000nm 时的单缝单色衍射仿真结果

在未修改波长参数的基础上对缝宽进行修改，将缝宽从 0.25mm 增大为 0.5mm，重新对单缝单色衍射进行仿真，仿真结果如图 5-4 所示。

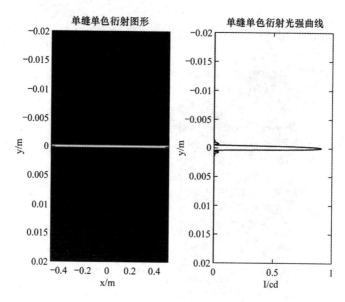

图 5-4　缝宽增大为 0.5mm 时的单缝单色衍射仿真结果

由图 5-4 可见，相比于图 5-2，衍射光强的分布更为集中，且集中在中央亮条纹处。结合推导得到的中央亮条纹的宽度为 $\dfrac{2\lambda f}{a}$，当缝宽增大时，亮条纹的宽度会减小，得到了相同的理论结果。

## 5.2　矩孔单色衍射

### 1.　背景知识

5.1 节分析了在接收屏上的单缝单色衍射光强分布。5.2 节将分析矩孔单色衍射。单缝可以看成一个方向的宽度有限而另一个方向的宽度极小的矩孔，因此只在有限宽度的方向上衍射现象比较明显。在研究矩孔衍射时，矩孔两个方向的宽度都要考虑，即矩孔两个方向上都会产生比较明显的衍射现象。

矩孔单色衍射模型如图 5-5 所示。矩孔两个方向上的宽度分别为 $a$ 和 $b$，光波经过透镜聚焦在接收屏上，得到矩孔衍射图形。

根据单缝单色衍射光强公式，推导得到矩孔单色衍射的光强为

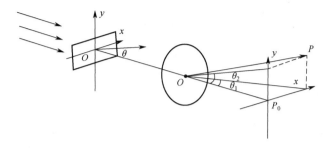

图 5-5　矩孔单色衍射模型

$$I = I_0 \left( \frac{\sin\alpha}{\alpha} \right)^2 \left( \frac{\sin\beta}{\beta} \right)^2 \tag{5.6}$$

其中：

$$\alpha = \frac{kla}{2} = \frac{\pi}{\lambda} a \sin\theta_1, \quad \beta = \frac{k\omega b}{2} = \frac{\pi}{\lambda} b \sin\theta_2 \tag{5.7}$$

$$\theta_1 = \frac{x}{f}, \quad \theta_2 = \frac{y}{f} \tag{5.8}$$

式中，$k$ 为波数；$a$ 和 $b$ 分别为矩孔两个方向的宽度；$\theta_1$、$\theta_2$ 为衍射角；$f$ 为透镜的焦距。

矩孔单色衍射可以看成在两个方向上的单缝单色衍射的叠加，因此可以推导得到中央亮条纹的宽度分别为 $\frac{2\lambda f}{a}$ 和 $\frac{2\lambda f}{b}$，在矩孔宽度为 $a$ 的方向上，衍射条纹的间距为 $\frac{\lambda f}{a}$，而在矩孔宽度为 $b$ 的方向上，衍射条纹的间距为 $\frac{\lambda f}{b}$。

### 2．动手实践

在 MATLAB 代码中，建立平面直角坐标系，计算每个点处的衍射光强，并绘制矩孔衍射图形和光强曲线。

MATLAB 代码如下。

```
clear;
a=0.002;
```

```
b=0.002;
lambda=750;
lambda=lambda*(1e-9);
f=1;                    %透镜的焦距为 1m
m=500;                  %确定接收屏上的点数
ym=8000*lambda*f;       %确定接收屏上 y 坐标的最大值
ys=linspace(−ym,ym,m);
xs=ys;                  %确定接收屏上 x 坐标的最大值
n=255;                  %确定灰度
for i=1:m
    sinth1=xs(i)/sqrt(xs(i)^2+f^2);
    sinth2=ys./sqrt(ys(i)^2+f^2);
    angleA=pi*a*sinth1/lambda;
    angleB=pi*b*sinth2./lambda;
    B(:,i)=(sin(angleA).^2.*sin(angleB).^2.*a^2.*b^2.*1250./lambda^2./(angleA.^2.
    *angleB.^2));
end
subplot(1,2,1);
image(xs,ys,B);
axis equal;
xlabel('x/m');ylabel('y/m');
title('矩孔单色衍射图形')
colormap(gray(n));
subplot(1,2,2);
plot(B(m/2,:)/max(B(m/2,:)),ys,'k');
xlabel('I/cd');ylabel('y/m');
title('矩孔单色衍射光强曲线');
```

3. 结果讨论

　　将矩孔两个方向上的宽度均设置为 0.002m，入射光波的波长设置为 750nm，透镜的焦距设置为 1m，运行 MATLAB 代码，得到如图 5-6 所示的矩孔单色衍射仿真结果。

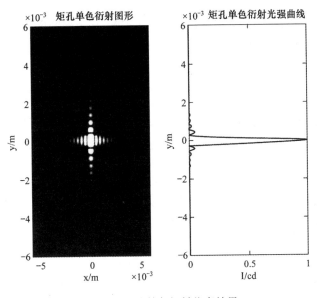

图 5-6　矩孔单色衍射仿真结果

对 MATLAB 代码中的参数进行修改，将矩孔的宽度 $b$ 减小为 0.001m，再次运行 MATLAB 代码，得到修改参数之后的矩孔单色衍射仿真结果，如图 5-7 所示。图 5-7 与图 5-6 相比，垂直于 $y$ 轴方向的矩孔宽度减小后，$y$ 轴方向上

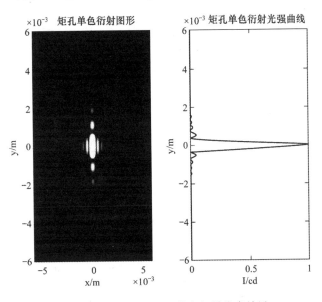

图 5-7　缝宽减小后矩孔单色衍射仿真结果

的衍射图形发生变化，中央亮条纹的宽度增大，且条纹间的间距变远，体现出单缝单色衍射时减小缝宽的特性，也从侧面反映出矩孔单色衍射是两个方向上的单缝单色衍射的叠加。

## 5.3　圆孔单色衍射

### 1. 背景知识

在光学系统中，透镜以及光学仪器的光瞳往往是圆形的，所以圆孔单色衍射的分析对于研究光学仪器的衍射现象有重要意义。

圆孔单色衍射模型如图 5-8 所示。

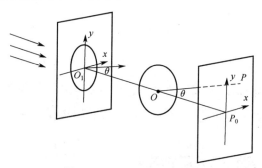

图 5-8　圆孔单色衍射模型

平行光波通过圆孔之后发生衍射以衍射角 $\theta$ 射出，再经过透镜收集之后聚焦在接收屏上的 $P$ 点。接收屏上的不同点对应不同的衍射角，计算各点处的复振幅，得到圆孔衍射的结果。

设 $P$ 点坐标为 $(x, y)$，圆孔半径为 $r$，接收屏前透镜的焦距为 $f$。在接收屏上，使用极坐标表示该点为

$$\frac{x}{f} = \frac{r\cos\psi}{f} = \theta\cos\psi, \quad \frac{y}{f} = \frac{r\sin\psi}{f} = \theta\sin\psi \tag{5.9}$$

对圆孔上各点发出的光波积分，得到 $P$ 点的复振幅为

$$\tilde{E}(P) = C'\int_0^a \int_0^{2\pi} \exp\left[-ikr_1\theta\cos(\psi_1 - \psi)r_1 dr_1 d\psi_1\right] \tag{5.10}$$

式中，$C' = \dfrac{CA}{f} \exp(\mathrm{i}kf)$。

根据贝塞尔函数的性质和递推关系，可以进一步得到 $P$ 点的光强为

$$I = \left(\pi a^2\right)^2 \left|C'\right|^2 \left[\frac{2\mathrm{J}_1\left(ka\theta\right)^2}{ka\theta}\right]^2 = I_0\left[\frac{2\mathrm{J}_1\left(Z\right)}{Z}\right]^2 \tag{5.11}$$

式（5.11）即为圆孔单色衍射光强公式。

### 2．动手实践

在 MATLAB 代码中，首先设置好圆孔半径、光波波长、透镜的焦距等参数，建立平面直角坐标系，计算出每个点处的衍射光强。

MATLAB 代码如下。

```matlab
clear;
lambda=300e−9;
R=0.001;
f=1;
ym=2.5e−3;
m=1000;
y=linspace(−ym,ym,m);
x=y;
for i=1:m;
    r=x(i).^2+y.^2;
    s=sqrt(r./(r+f^2));
    x1=2*pi*R*s./lambda;          %计算相位差
    I(:,i)=((2*besselj(1,x1)).^2./x1.^2).*5000;
    %根据圆孔单色衍射光强公式，利用 MATLAB 中的贝塞尔函数计算衍射光强
end
Ir=I.*100;
image(x,y,Ir);
xlabel('x/m');ylabel('y/m');
title('圆孔单色衍射图形');
n=100;
colormap(gray(n));
```

### 3. 结果讨论

设置圆孔半径为 1mm、透镜的焦距为 1m、发生衍射的光波的波长为 300nm，代入式（5.11)计算接收屏上每个点的衍射光强，并将其转化为灰度值，观察圆孔单色衍射仿真结果，如图 5-9 所示。

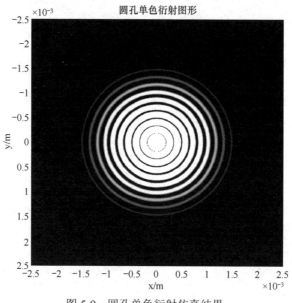

图 5-9　圆孔单色衍射仿真结果

在图 5-9 中可以看到，圆孔单色衍射仿真结果为一圈一圈的明暗相间的同心圆环，最中心为亮纹，越往外暗条纹越粗，亮条纹越细。亮度大部分集中在中央区域，边缘区域明暗相间的条纹不明显。

对 MATLAB 代码进行参数修改，修改发生衍射现象的圆孔半径，将其从 1mm 减小为 0.5mm，重新运行 MATLAB 代码，得到的仿真结果如图 5-10 所示。

结合图 5-9 和图 5-10，对减小圆孔半径后的圆孔单色衍射仿真结果进行分析。当圆孔半径减小时，在同一坐标系区域内，所得到的衍射条纹相比于图 5-9 的更少，说明圆孔半径减小会增大衍射条纹的间距及中央亮纹的大小。图 5-10 与图 5-9 的条纹整体形状相同，均为一圈一圈明暗相间的同心圆环，最中央为亮纹，越往外亮条纹越细。

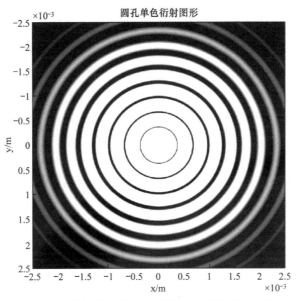

图 5-10　减小圆孔半径后的圆孔单色衍射仿真结果

再次对 MATLAB 代码进行参数修改，将透镜的焦距增大为 2m，重新运行 MATLAB 代码，计算每个点处的衍射光强，在相同的坐标系区域中绘制圆孔单色衍射仿真结果，如图 5-11 所示。

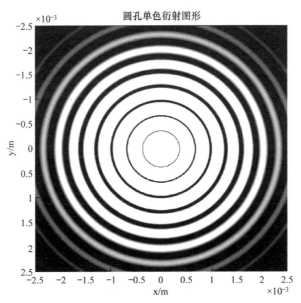

图 5-11　增大透镜的焦距后的圆孔单色衍射仿真结果

结合图 5-9 和图 5-11，对增大透镜的焦距的圆孔单色衍射仿真结果进行分析。当透镜的焦距增加时，在同一坐标系区域内所得到的衍射条纹数目减少，条纹整体呈现一个放大的状态，说明增大透镜的焦距会使衍射条纹的间距及中央亮纹的大小也增大。图 5-11 与图 5-9 的条纹整体形状相同，均为一圈一圈明暗相间的同心圆条纹，最中央为亮纹，且越靠近中央处的亮条纹越粗，而越往外的亮条纹越细。

分析图 5-9～图 5-11 的衍射仿真结果，可以发现衍射光强主要集中在中央亮纹（亮斑）内。这个亮斑通常称为艾里斑，其半径为

$$r_0 = 1.22 f \frac{\lambda}{2a} \tag{5.12}$$

从式（5.12）中可以看出，艾里斑半径与圆孔半径成反比，与入射光波的波长成正比。由此可以讨论光学系统的成像分辨率。光学系统的成像分辨率是指能够分开靠得比较近的两个物点的能力。当一个物点经过光学系统衍射而形成的衍射图形的中央主极大位置与旁边一个物点经过光学系统衍射而形成的衍射图形第一个极小位置重合时，认为此时的光学系统恰好能分辨两个物点，以此来评估光学成像系统的分辨极限。

# 5.4 矩孔白光衍射

## 1. 背景知识

在分析光的干涉现象时，4.2 节分析了非单色光波的杨氏双缝干涉，得到的结果是不同波长的光波之间的干涉条纹间距不同。5.4 节在矩孔单色衍射的基础上，将其单色光波换为白光进行矩孔白光衍射的分析。白光可以由 7 种颜色的单色光波复合叠加形成。

矩孔白光衍射仿真思路是首先设定 7 个波长（对应 7 种颜色的单色光波），对矩孔衍射光强进行 7 次计算之后，得到 7 种衍射图形，然后进行叠加，最终得到白光入射的矩孔衍射图形。

## 2．动手实践

在 MATLAB 代码中，设定波长分别为 660nm、610nm、570nm、550nm、460nm、440nm 和 410nm，再设定矩孔两个方向上的宽度，然后计算矩孔衍射光强，得到白光入射的矩孔衍射图形。

MATLAB 代码如下。

```
%矩孔白光衍射
clear
tic
lambda=[660 610 570 550 460 440 410]*1e−9;
rgb=[1,0,0;1,0.5,0;1,1,0;0,1,0;0,1,1;0,0,1;0.67,0,1];
a=3e−3;
b=1e−3;
f=1;%距离
ym=0.05;
N=1000;
ym=2.5e−3;
p=zeros(N,N,3);
y=linspace(−ym,ym,N);
x=y;
[x,y]=meshgrid(x,y);
thetax=x./sqrt(x.^2+f^2);
thetay=y./sqrt(y.^2+f^2);
for k=1:7
alpha=pi/lambda(k)*a*sin(thetax);
beta=pi/lambda(k)*b*sin(thetay);
I=(sin(alpha)./alpha.*sin(beta)./beta).^2;
c(:,:,1)=I/4*rgb(k,1);
c(:,:,2)=I/4*rgb(k,2);
c(:,:,3)=I/4*rgb(k,3);
p=p+c;c=[];
end
p=p*20;%次级衍射条纹太弱，必须增强才能被看到
```

```
image(x(1,:),y(:,1),p);
xlabel('x/m');ylabel('y/m');
title('矩孔白光衍射仿真结果');
toc
```

### 3. 结果讨论

在 MATLAB 代码中设定好参数之后，运行 MATLAB 代码，观察矩孔白光衍射仿真结果，如图 5-12 所示。

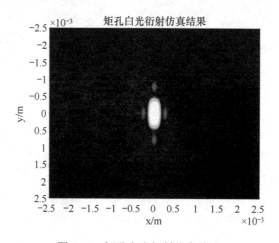

图 5-12　矩孔白光衍射仿真结果

7 种颜色的光波经过矩孔衍射之后在接收屏的中央均为衍射光强极大值处，而 7 种颜色的光波叠加后仍为白色。因此，在接收屏的中央为白光。而在其周围区域，由于入射光波的波长不同，衍射条纹的间距也不同，从而在该区域可以看到间距不同的衍射条纹，不同波长的光波衍射条纹被分开。

# 5.5　多缝夫琅禾费衍射

### 1. 背景知识

5.5 节将分析多缝夫琅禾费衍射，将之前介绍的单缝衍射扩展为多缝衍射，并观察衍射图形的变化情况。多缝夫琅禾费衍射模型如图 5-13 所示。

多缝夫琅禾费衍射模型由缝平面、接收屏前的透镜和接收屏组成。其中，接收屏放在透镜的焦平面上以观察衍射图形，缝平面由一系列缝间距为 $d$ 的单缝构成，单缝的宽度（简称缝宽）为 $a$，衍射角为 $\theta$，接收屏的 $P$ 点为聚焦点。

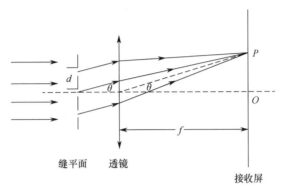

图 5-13　多缝夫琅禾费衍射模型

多缝夫琅禾费衍射光强可以使用式（5.1）（单缝单色衍射光强公式）来计算。在图 5-13 中，多缝按照缝间距 $d$ 将入射光波分成 $N$ 个部分，每个部分都可以看成一个单缝衍射场。由于各个单缝衍射场之间是相干的，因此多缝夫琅禾费衍射的复振幅可以看成是所有单缝衍射的复振幅叠加。当计算出多缝夫琅禾费衍射的复振幅之后，就可以计算得到光强。

计算得到 $P$ 点的光强为

$$I = I_0 \left( \frac{\sin \alpha}{\alpha} \right)^2 \left( \frac{\sin \dfrac{N}{2} \delta}{\sin \dfrac{\delta}{2}} \right)^2 \tag{5.13}$$

其中

$$\sin \theta = x / f \tag{5.14}$$

$$\alpha = \frac{\pi a}{\lambda} \sin \theta, \ \delta = \frac{2\pi}{\lambda} d \sin \theta \tag{5.15}$$

式（5.13）中包含单缝衍射因子 $\left(\dfrac{\sin\alpha}{\alpha}\right)^2$ 和多光束干涉因子 $\left(\dfrac{\sin\dfrac{N}{2}\delta}{\sin\dfrac{\delta}{2}}\right)^2$，从

而表明多缝衍射是单缝衍射和干涉共同作用的结果。单缝衍射因子和单缝的本身性质有关，而多光束干涉因子来源于狭缝的周期性排布，与单缝的性质无关。

## 2. 动手实践

在 MATLAB 代码中，建立平面直角坐标系，分别计算每个点处的单缝衍射因子和多光束干涉因子，并计算任意一点处的光强，得到多缝夫琅禾费衍射图形和光强曲线。

MATLAB 代码如下。

```
clear;
clc;
lam = 500;
lam=lam*10^(-9);
I0=1;%初始光强
N = 3;%缝数
a = 2e-4;%缝宽
d = 2*a;%缝间距
D = 5;%透镜的焦距
ym = 2*lam*D/a;
xs=ym;
n = 10000;
ys = linspace(-ym,ym,n);
for i=1:n
    sinphi = ys(i)./D;%衍射角
    alpha = pi*a*sinphi./lam;
    deta=2*pi*d*sinphi./lam;
I(i,:)=I0*(sin(alpha/2)./(alpha/2)).^2.*(sin(N/2*deta)./sin(deta/2)).^2;
end
B1= I/max(I);
NC = 255;
```

```
Br = B1*NC;
subplot(1,2,1)
image(xs,ys,Br);
xlabel('x/m');ylabel('y/m');
title('多缝夫琅禾费衍射图形');
colormap(gray(NC));
subplot(1,2,2)
plot(B1,ys);
xlabel('I/cd');ylabel('y/m');
title('多缝夫琅禾费衍射光强曲线');
```

### 3. 结果讨论

在 MATLAB 代码中，将缝宽设置为 0.2mm，缝间距设置为缝宽的 2 倍，缝数设置为 3，入射光波的波长设置为 500nm，透镜的焦距设置为 5m，运行 MATLAB 代码，观察到多缝夫琅禾费衍射仿真结果，如图 5-14 所示。

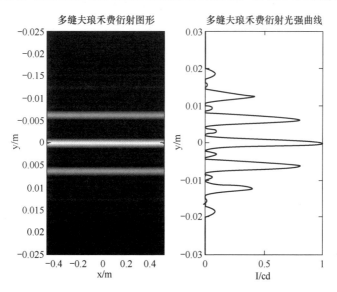

图 5-14　多缝夫琅禾费衍射仿真结果

在图 5-14 的基础上，修改 MATLAB 代码中的参数，减小缝宽 $a$，得到修改参数后的多缝夫琅禾费衍射仿真结果如图 5-15 所示。

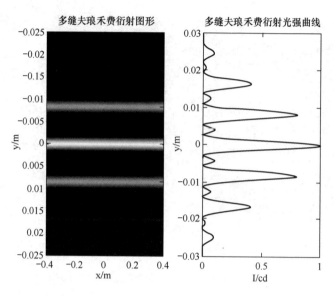

图 5-15　减小缝宽后的多缝夫琅禾费衍射仿真结果

在图 5-15 中，缝宽减小为 0.15mm 后，设定缝数仍为 3，可以看到衍射条纹的数目不变，条纹本身的宽度增大，条纹间距也增大，在同一坐标系范围内条纹的分布更为分散，但缝宽的减小并不会影响衍射条纹的整体形状。

在图 5-14 的基础上，再次修改 MATLAB 代码中的参数，将发生多缝衍射的缝数从 3 增大为 5，重新运行 MATLAB 代码，观察此时的衍射仿真结果，如图 5-16 所示。

图 5-16 所示的衍射仿真结果与之前的衍射仿真结果相比，将衍射的缝数增加后衍射的亮条纹数目并未改变。图 5-16 与图 5-14 相比，条纹的位置没有发生改变。所以，改变多缝衍射的缝数并不会改变衍射条纹的位置。图 5-16 与图 5-14、图 5-15 相比，亮条纹明显变细，衍射后的光强分布更为集中。所以，发生多缝衍射的缝数越多，衍射的亮条纹也就越细。

在图 5-14 的基础上，再次修改 MATLAB 代码中的参数，将透镜的焦距增大，从 5m 增大为 8m，重新运行 MATLAB 代码，并且绘制同一坐标系区域下的仿真结果，如图 5-17 所示。

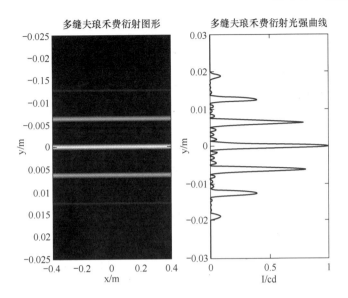

图 5-16　增大衍射缝数后的多缝夫琅禾费衍射仿真结果

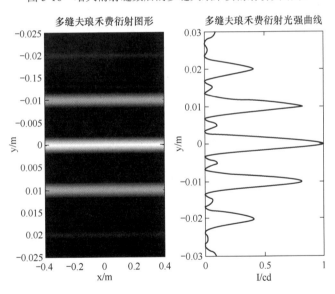

图 5-17　增大透镜的焦距后的多缝夫琅禾费衍射仿真结果

从图 5-17 中可以看到，增大透镜的焦距之后，条纹的位置发生改变，且条纹的粗细也发生改变，即透镜的焦距越大，亮条纹之间的距离越大，亮条纹的宽度也越大。由此可以推理得出，透镜的焦距越大，条纹越分散，衍射光强也更不集中。

## 5.6 正弦光栅衍射

### 1. 背景知识

正弦光栅的全称为正弦振幅光栅，顾名思义，就是透射系数按照余弦或者

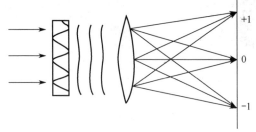

正弦函数变化的光栅。正弦光栅衍射模型如图 5-18 所示。

假设正弦光栅包含有 $N$ 个单缝，单缝间距均为 $d$，依据 5.5 节的分析，在求有 $N$ 个单缝的光栅的衍射光强时，只要求出每个单缝衍

图 5-18　正弦光栅衍射模型

射因子，再将其乘上多光束干涉因子即可。

因此，可以推导出正弦光栅的衍射光强为

$$I=I_0\left[\frac{\sin\alpha}{\alpha}+\frac{B}{2}\cdot\frac{\sin(\alpha+\pi)}{\alpha+\pi}+\frac{B}{2}\cdot\frac{\sin(\alpha-\pi)}{\alpha-\pi}\right]^2\left(\frac{\sin\dfrac{N}{2}\delta}{\sin\dfrac{\delta}{2}}\right)^2 \quad (5.16)$$

其中，$B$ 小于 1，且

$$\alpha=\frac{kld}{2}=\frac{\pi d}{\lambda}\sin\theta \quad (5.17)$$

### 2. 动手实践

在 MATLAB 代码中，构建平面直角坐标系，设置正弦衍射光栅的各项参数，设置 $B$ 为 0.9、$d$ 为 0.2mm、入射光波的波长为 500nm、光栅缝数为 5，然后计算坐标系上各点的衍射光强，绘制正弦光栅衍射图形和光强曲线。

MATLAB 代码如下。

```
clear;
B=0.9;
N=5;
d=0.0002;
L=500e−9;
n=500;
D=1;
ym=0.005;
y=linspace(−ym,ym,n);
x=ym;

for i=1:n
alph=pi*d*y(i)/D/L;
I(i,:)=(sinc(alph)+B/2*sinc(alph+pi)+B/2*sinc(alph−pi)).^2*(sin(N*alph)/sin(alph)).^2;
end

Br=I/18*255;
figure(1);
subplot(1,2,1);
image(x,y,Br);
xlabel('x/m');ylabel('y/m');
colormap(gray(255));
title('正弦光栅衍射图形');
subplot(1,2,2);
plot(I,y);
xlabel('I/cd');ylabel('y/m');
title('正弦光栅光强曲线');
```

## 3. 结果讨论

设定参数之后运行 MATLAB 代码，观察正弦振幅光栅衍射仿真结果，如图 5-19 所示。

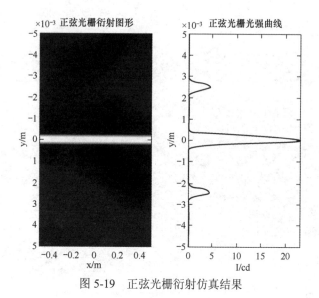

图 5-19　正弦光栅衍射仿真结果

　　从图 5-19 中可以看到，正弦光栅的衍射条纹分布与多缝夫琅禾费衍射的不同，中央亮条纹光强极大，而在中央亮条纹的两边分布着±1 级谱线。

　　在图 5-19 的基础上，修改 MATLAB 代码中的参数，增大光栅的缝数为10，重新运行 MATLAB 代码，观察增大缝数后的正弦光栅衍射仿真结果，如图 5-20 所示。

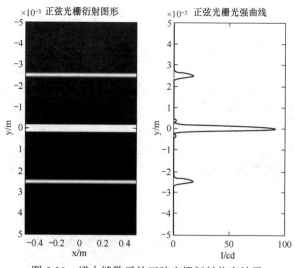

图 5-20　增大缝数后的正弦光栅衍射仿真结果

图 5-20 与图 5-19 相比，在增大正弦光栅的缝数之后，衍射亮条纹的数目及位置未改变，但衍射条纹的宽度减小，亮条纹的光强增大，并更多地集中在中央亮条纹上。

在图 5-19 的基础上，再次修改 MATLAB 代码中的参数，将入射光波的波长从 500nm 减小为 300nm，重新运行 MATLAB 代码，在同一坐标系下绘制出正弦光栅衍射图形和光强曲线，如图 5-21 所示。

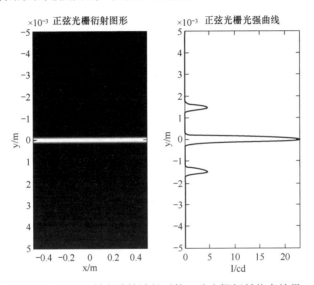

图 5-21　减小入射光波的波长后的正弦光栅衍射仿真结果

图 5-21 与图 5-19 相比，衍射之后的亮条纹数目并未发生改变，减小入射光波的波长之后，亮条纹的间距也随之减小，亮条纹的宽度也减小，衍射光强较多地集中在亮条纹上，可以推测出亮条纹的间距与入射光波的波长成正比，亮条纹的宽度也与入射光波的波长成正比。

## 5.7　闪耀光栅衍射

### 1．背景知识

对于多缝夫琅禾费衍射，从图 5-14 中可以看出，衍射光强大部分分布在中央 0 级衍射条纹处，而分布在次级亮条纹的衍射光强占比很低，这对于正弦光栅的应用不利，而本节介绍的闪耀光栅可以克服上述缺点，将衍射光强几乎全部集中在非 0 级的衍射条纹上。

闪耀光栅是平面反射光栅。闪耀光栅截面如图 5-22 所示。在光栅上刻出一系列等间距的锯齿形槽面，槽面与光栅面构成夹角 $\gamma$，$\gamma$ 称为闪耀角。相邻槽面间的距离为 $d$，槽面的长度为 $a$，$m$ 代表衍射级次，$i$ 为光波的入射角。

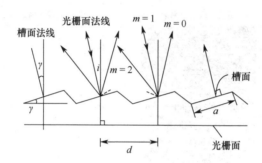

图 5-22　闪耀光栅截面

由于槽面与光栅面不平行，两者之间有一个闪耀角 $\gamma$，使得每个槽面（相当于单缝）的中央衍射主极大位置和干涉主极大位置分开，实现了将光能量从不分光的 0 级位置转移到可分光的其他级次位置上，实现该级次位置上的"闪耀"。

相邻槽面间的光程差为

$$\Delta = d\left(\sin i + \sin \theta\right) \tag{5.18}$$

当光波垂直入射时，有

$$\Delta = d\left(\sin i + \sin \theta\right) = 2d\sin \gamma = m\lambda \tag{5.19}$$

将光程差代入式（5.13）（多缝夫琅禾费衍射光强公式）中，计算闪耀光栅衍射光强。

## 2．动手实践

由于闪耀光栅是通过将能量从不分光的 0 级位置转移到其他可分光的级次位置上的，因此入射光波要设置为复色光波。在 MATLAB 代码中，设定闪耀光栅的参数，分别计算单缝衍射因子和多光束干涉因子，再计算衍射光强。

MATLAB 代码如下。

```
%闪耀光栅——白光衍射现象
clear;
lambda=[660,610,570,550,460,440,410]*1e−9;  %7 种颜色光波的波长
RGB=[1,0,0;1,0.5,0;1,1,0;0,1,0;0,1,1;0,0,1;0.67,0,1];  %7 种颜色光波对应的 RGB 值
Irgb=zeros(150,500,3);  %光屏仿真结果图像矩阵是各个波长的光波衍射结果的叠加
Im=zeros(150,500,3);    %记录各个波长光波衍射结果的 RGB 值


%定义变量
a=8e−6;N=10;d=4e−5;%光栅常数
I0=100;gamma1=0;i1=gamma1;%闪耀角和入射角相等,自准直入射
gamma=gamma1*pi/180;i=gamma1*pi/180;
for j=1:7
        theta=linspace(−0.03*pi,0.03*pi,500);%衍射角的变化范围
        delta=2*pi*d*(sin(theta)+sin(i))/lambda(j);
        alpha=pi*a*sin(theta)/lambda(j);
        I1=(sinc(alpha/pi)).^2;%单缝衍射因子
        I2=(sin(N*delta/2)./sin(delta/2)).^2;%多光束干涉因子
        I=I0*I1.*I2;
        for k=1:150
            Im(k,:,1)=I*RGB(j,1);%把红基色代码计入 Iw 矩阵红维度
            Im(k,:,2)=I*RGB(j,2);%把绿基色代码计入 Iw 矩阵绿维度
            Im(k,:,3)=I*RGB(j,3);%把蓝基色代码计入 Iw 矩阵蓝维度
        end
```

```
        Irgb=Irgb+Im;%衍射结果叠加
        Im=[]; %将 Im 清零，进行下一个波长的计算
end
Br=1/max(max(max(Irgb)));%调整 Irgb 矩阵元素的最大值为 1 的系数
Ib=Irgb*Br;
image(theta,theta,Ib);
xlabel('\gamma /rad');ylabel('y/m');
title(['N=',num2str(N),',  闪耀角\gamma=',num2str(gamma1),'时闪耀光栅的衍射图形']);
```

### 3. 结果讨论

设定光栅的光栅常数和缝间距，设定入射光波的波长，设定 $N$ 为 10，闪耀角 $\gamma$ 为 0°，代入衍射光强公式，计算闪耀光栅的衍射光强如图 5-23 所示。

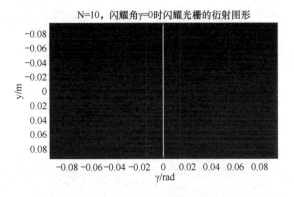

图 5-23  闪耀角 $\gamma$ 为 0°、$N$ 为 10 时的闪耀光栅衍射仿真结果

当闪耀角 $\gamma$ 为 0° 时，衍射图形中央为所设置光波的衍射亮条纹的叠加，呈现为白色，其余波长光波的衍射亮条纹由于条纹间距不同而分布在两侧，类似于不同波长的光波经过光栅后的衍射结果的叠加。

在 MATLAB 代码中，修改闪耀角为 25°，运行 MATLAB 代码观察闪耀光栅衍射仿真结果，如图 5-24 所示。

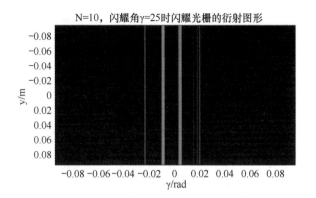

图 5-24　闪耀角 $\gamma$ 为 25°、$N$ 为 10 时的闪耀光栅衍射仿真结果

当闪耀角设定为 25°时，中央的白色亮条纹消失，这是由于闪耀光栅的闪耀角不为 0°，将中央不同波长光波的衍射主极大位置分开，从而得到多条亮条纹。

在 MATLAB 代码中，将闪耀光栅的缝数增大为 100，运行 MATLAB 代码，观察此时的闪耀光栅衍射仿真结果，如图 5-25 所示。

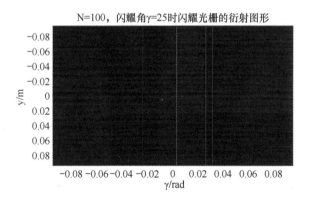

图 5-25　闪耀角 $\gamma$ 为 25°、$N$ 为 100 时的闪耀光栅衍射仿真结果

当光栅的缝数增大为 100、闪耀角为 25°时，中央白色亮条纹仍然消失，不同波长光波的衍射主极大位置不重合，因而缝数增大，每个条纹的宽度变窄，条纹更加明显。

## 5.8  复杂图形夫琅禾费衍射

### 1. 背景知识

在之前几节中，分析了单缝、矩孔、圆孔以及光栅的衍射现象，了解了这些常见图形的衍射结果。但是在实际生活以及科学实验中，图形远远不止上述几种，我们需要研究复杂图形夫琅禾费衍射，对衍射结果进行分析，才能更好地进行光学仪器的设计。

光的衍射是光波动性的主要标志之一，其主要描述了光在传播过程中能绕过障碍物的边缘偏离直线传播的现象。惠更斯-菲涅耳原理是衍射分析的理论框架，即波阵面外任意点的光振动应该是波阵面上所有子波干涉结果的叠加。

夫琅禾费衍射的复振幅可以表示为

$$\bar{E}(x,y)=\frac{\exp(ikz_1)}{i\lambda z_1}\exp\left[\frac{ik}{2z_1}(x^2+y^2)\right]\iint\limits_{\Sigma}\bar{E}(x_1,y_1)\exp\left[-\frac{ik}{z_1}(xx_1+yy_1)\right]dx_1dy_1$$

（5.20）

确定发生衍射的图形形状和几何参数之后，在 MATLAB 代码中设定好参数并代入式（5.20）中，使用傅里叶变换进行计算，即可得到复杂孔径的夫琅禾费衍射图形。

### 2. 动手实践

选择正六边形、菱形和椭圆形作为仿真的不规则图形，对其进行衍射光强的计算，再将设定好的参数代入式（5.20）中，计算衍射的复振幅，最后得到接收屏上各点的衍射光强，得到衍射图形。

计算正六边形衍射结果的 MATLAB 代码如下。

```
clc;
clear all;
L1=0.5;
M=250;
dx1=L1/M;
x1=−L1/2:dx1:L1/2−dx1;
y1=x1;

%孔径参数
m=sqrt(3);


%光参数
lambda=0.5*10^-6;
k=2*pi/lambda;
w=0.02;
z=1;
[X1,Y1]=meshgrid(x1,y1);
u1=1.*(abs(m*X1)+abs(Y1)<m*w)−1.*((m*w/2<Y1)&(Y1<m*w)&(X1>Y1/m−w)&(X1<
w−Y1/m))−1.*((−w*m/2>Y1)&(Y1>−m*w)&(X1>−Y1/m−w)&(X1<Y1/m+w));

%衍射过程
[u2,L2]=propFF(u1,L1,lambda,z);
I1=abs(u2.^2);
dx2=L2/M;
x2=−L2/2:dx2:L2/2−dx2;
y2=x2;
figure(1);
imagesc(x2,y2,nthroot(I1,3));%stretch image contrast
axis square; axis xy;
colormap('gray'); xlabel('x/m'); ylabel('y/m');
title('正六边形衍射仿真结果');


function[out]=rect(x)
```

```
out=abs(x)<=1/2;
end

function[u2,L2]=propFF(u1,L1,lambda,z)
[M,N]=size(u1);
dx1=L1/M;
k=2*pi/lambda;
L2=lambda*z/dx1;
dx2=lambda*z/L1;
x2=−L2/2:dx2:L2/2−dx2;
[X2,Y2]=meshgrid(x2,x2);
c=1/(j*lambda*z)*exp(j*k/(2*z)*(X2.^2+Y2.^2));
u2=c.*ifftshift(fft2(fftshift(u1)))*dx1^2;
end
```

当需要计算菱形衍射结果时，将 MATLAB 代码中的

```
u1=1.*(abs(m*X1)+abs(Y1)<m*w)−1.*((m*w/2<Y1)&(Y1<m*w)&(X1>Y1/m−w)&(X
1<w−Y1/m))−1.*((−w*m/2>Y1)&(Y1> −m*w)&(X1> −Y1/m−w)&(X1<Y1/m+w));
```

替换为

```
%u1=1.*(abs(X1)+abs(Y1)<w);
```

此步骤为改变衍射孔径，再运行 MATLAB 代码即可得到菱形衍射结果。

当需要计算椭圆形衍射结果时，将 MATLAB 代码中的

```
%u1=1.*(abs(X1)+abs(Y1)<w);
```

替换为

```
%u1=1.*((4*X1.^2+Y1.^2)<w^2);
```

再运行 MATLAB 代码即可得到椭圆形衍射结果。

## 3. 结果讨论

首先运行计算正六边形衍射结果的 MATLAB 代码，设定入射光波的波长为 600nm，透镜的焦距为 1m，正六边形的边长设定为 0.01mm，此时的衍射仿

真结果如图 5-26 所示。

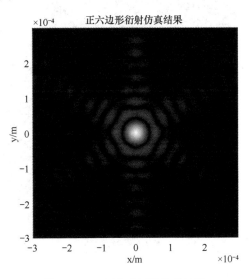

图 5-26　正六边形衍射仿真结果

在图 5-26 中，衍射仿真结果整体呈现出正六边形的形状，中央为亮纹，周围均匀分布着明暗相间的黑白条纹。

运行计算菱形衍射结果的 MATLAB 代码。其中，$a$ 表示菱形的边长；$b$ 表示菱形边的条数。将 $a$ 设定为 0.5mm，将 $b$ 设定为 5，入射光波的波长仍为 600nm，根据此代码可以计算任意正 $n$ 边形的衍射光强。运行此代码，得到菱形衍射仿真结果，如图 5-27 所示。

运行计算椭圆形衍射结果的 MATLAB 代码，得到椭圆形衍射仿真结果，如图 5-28 所示。

菱形和椭圆形的衍射结果整体也分别呈现出菱形和椭圆形的形状，且中央为一个与图形形状相似的亮斑，周围为明暗相间的黑白条纹。

通过式（5.20）可以计算复杂图形夫琅禾费衍射的复振幅，只需在 MATLAB 中设定图形相关参数和入射光波的波长。然后进行复振幅的计算，并绘制出复杂图形夫琅禾费衍射图形即可。虽然复杂图形夫琅禾费衍射仿真结果互相有差异，但是整体条纹仍然呈现不均匀的明暗分布。

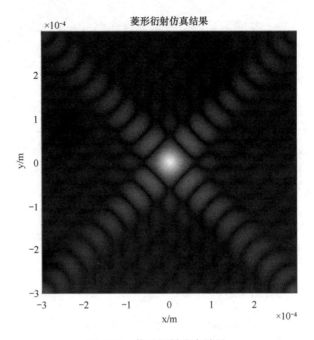

图 5-27 菱形衍射仿真结果

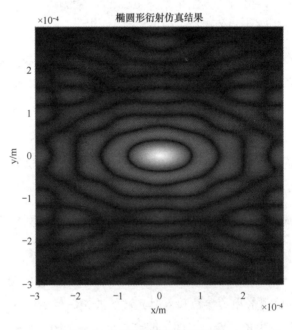

图 5-28 椭圆形衍射仿真结果

# 第 6 章　光的偏振仿真

第 4 章和第 5 章分别讨论了光的干涉现象和光的衍射现象，并分析了各种干涉模型和衍射模型，设计了 MATLAB 代码对各种情况下的干涉和衍射进行仿真，最后对仿真结果进行讨论，研究光和模型参数变化后干涉和衍射结果的变化。在之前的讨论中，光的干涉和衍射现象证明了光的波动性，但是并不能说明光波到底是横波还是纵波。

1808 年，马吕斯在实验中发现了光的偏振现象。光的偏振现象从实验上证实了光是横波。与光的干涉和衍射现象一样，光的偏振现象在实际生活和科学技术中也有着重要的应用。

## 6.1　马吕斯定律和消光比

### 1. 背景知识

麦克斯韦的电磁场理论可以证明光波是一种横波，因为光矢量的振动方向与传播方向互相垂直。如果在光的传播过程中，光矢量的振动方向保持不变，仅仅是它的大小随着相位改变，则这种光就称为线偏振光。如果在光的传播过程中，光矢量的大小不变，而振动方向绕着传播轴均匀转动，光矢量末端轨迹形成一个圆，则这样的光称为圆偏振光，若光矢量末端轨迹形成一个椭圆，则这样的光称为椭圆偏振光。

检验光是否为完全线偏振光的器件称为检偏器，主要由偏振片制成。检偏器有一根透光轴，只允许某个方向上的光通过。

设光矢量的振动方向与透光轴的夹角为 $\theta$，当旋转检偏器时，光矢量的振动方向与透光轴的夹角会发生变化,通过检偏器之后透射光的光强也会发生变化。设入射光的光强为 $I_0$,当光矢量的振动方向和透光轴垂直时,透射光的光强为 0。当夹角 $\theta$ 为其他值时,透射光的光强为

$$I=I_0 \cos^2 \theta \tag{6.1}$$

式(6.1)所表示的关系就称为马吕斯定律。

在检测光强的传感器前放一个检偏器,旋转检偏器,如果发现旋转一圈的过程中出现两次光强极大值和光强的极小值,说明被检测的光是完全线偏振光。

但是实际生活中的检偏器并非理想的只有一个方向透射光,而且往往也很难找到完全线偏振光。把通过检偏器的透射光最小光强和最大光强的比称为消光比。它是衡量检偏器质量的重要参数之一。消光比越小,检偏器的检测效果越好。

### 2. 动手实践

在 MATLAB 代码中,设定光矢量的振动方向和透光轴的夹角(角度参数),设定入射光的光强为 1,计算当角度参数变化时透射光的光强随着角度参数变化的曲线。观察完全偏振光在检偏器转动时透射光的光强变化。

MATLAB 代码如下。

```
seta1=0:0.01:360;              %设定角度参数
seta=seta1/180*pi;             %角度转换为弧度
I0=1;                          %入射光波的光强
I=I0*(cos(seta)).^2;           %计算透射光的光强
plot(seta1,I);                 %画出透射光的光强曲线
axis([0 360 0 1]);
xlabel('角度/°'),ylabel('透射光的光强 I/cd');
title('透射光的光强随光矢量的振动方向与透光轴的夹角变化曲线');
```

### 3. 结果讨论

在 MATLAB 代码中,将入射光的光强设定为 1,运行 MATLAB 代码观察

角度参数变化时透射光的光强变化曲线，如图 6-1 所示。

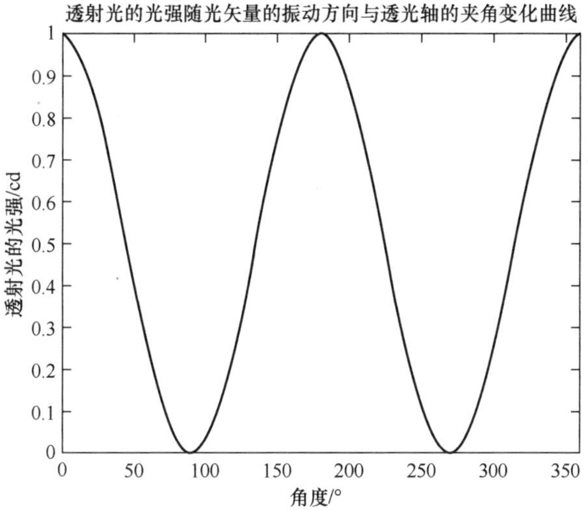

图 6-1 透射光的光强随光矢量的振动方向与透光轴的夹角变化曲线

当光矢量的振动方向和透光轴的夹角从 0°变化到 360°时，透射光的光强呈余弦变化的曲线。当此夹角为 0°和 180°时，透射光的光强达到极大值，与入射光的光强相同，全部通过检偏器；当此夹角为 90°和 270°时，透射光的光强达到极小值 0，此时光矢量的振动方向与透光轴垂直，没有光通过检偏器。该仿真结果验证了当旋转检偏器一圈时，通过检偏器的完全偏振光（透射光）出现两明两暗的情况。

# 6.2 偏振光的合成

### 1. 背景知识

偏振光是光矢量的振动方向和大小有规则变化的光。偏振光按照变化的形式可以分成线偏振光、圆偏振光和椭圆偏振光。线偏振光的光矢量振动方向不变，其大小随着相位变化而变化；圆偏振光的光矢量大小不变，其振动方向绕着传播方向均匀转动，光矢量末端轨迹形成一个圆；椭圆偏振光的光矢量大小和振动方向都在有规律地变化着，且光矢量末端轨迹形成一个椭圆。

偏振光都可以写成两列振动方向垂直的偏振光叠加的形式，即

$$E_x = a_1 \cos(kz_1 - \omega t) \tag{6.2}$$

$$E_y = a_2 \cos(kz_2 - \omega t) \tag{6.3}$$

经过叠加之后，合成波的光矢量末端轨迹为

$$\frac{E_x}{a_1^2} + \frac{E_y}{a_2^2} - 2\frac{E_x E_y}{a_1 a_2}\cos(\alpha_1 - \alpha_2) = \sin^2(\alpha_1 - \alpha_2) \tag{6.4}$$

式中，$\alpha_1 = kz_1$；$\alpha_2 = kz_2$。由于合成波的光矢量末端沿着椭圆运动，所以可以推导出椭圆长轴与 $x$ 轴的夹角 $\psi$ 满足：

$$\tan 2\psi = \frac{2a_1 a_2}{a_1^2 - a_2^2}\cos\delta \tag{6.5}$$

式中，$\delta = \alpha_2 - \alpha_1$，是振动方向平行于 $y$ 轴的光波与振动方向平行于 $x$ 轴的光波的相位差。

可以看出，两列偏振光叠加后，其末端光矢量的运动轨迹取决于两列偏振光的振幅和相位差。通过设置这两列偏振光的振幅比和相位差，可以得到不同的偏振光。

## 2. 动手实践

在 MATLAB 代码中，首先设定两列偏振光，分别设置振幅比与相位差，然后对两列偏振光进行叠加，绘制出偏振光合成仿真结果。

MATLAB 代码如下。

```
clear;
L=550*1e-9;
c=3*(1e8);
T=L/c;
```

```
k=2*pi/L;
w=k*c;

t=0;
z=0:5*1e-9:5*1e-6;

del=0;

EX=2*cos(k*z-w*t);
EY=cos(k*z-w*t+del);

figure(1);
subplot(1,2,1);
plot(EX,EY);
axis equal;
xlabel('x/m');ylabel('y/m');title('偏振光合成仿真结果');

subplot(1,2,2);
plot3(EX,EY,z);
xlabel('x/m');ylabel('y/m');zlabel('z/m');title('偏振光合成仿真结果');
```

运行 MATLAB 代码，得到不同相位差下偏振光合成情况。

### 3. 结果讨论

在 MATLAB 代码中，设定光的波长为 550nm，光速为 $3 \times 10^8$ m/s，相位差以 $\pi/4$ 为步长从 0 开始逐渐增加至 $7\pi/4$，两列光的振幅比设定为 1。运行 MATLAB 代码，观察相位差变化的过程中偏振光合成仿真结果。

当 $\delta = \alpha_1 - \alpha_2 = 0$ 时，偏振光合成仿真结果如图 6-2 所示。

当 $\delta = \alpha_1 - \alpha_2 = \pi/4$ 时，偏振光合成仿真结果如图 6-3 所示。

当 $\delta = \alpha_1 - \alpha_2 = \pi/2$ 时，偏振光合成仿真结果如图 6-4 所示。

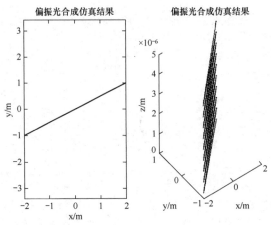

图 6-2　相位差为 0 时的偏振光合成仿真结果

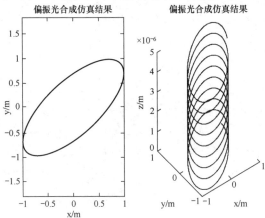

图 6-3　相位差为 π/4 时的偏振光合成仿真结果

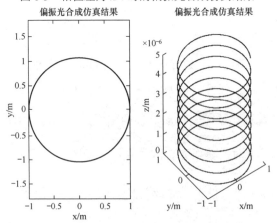

图 6-4　相位差为 π/2 时的偏振光合成仿真结果

当 $\delta=\alpha_1-\alpha_2=3\pi/4$ 时，偏振光合成仿真结果如图 6-5 所示。

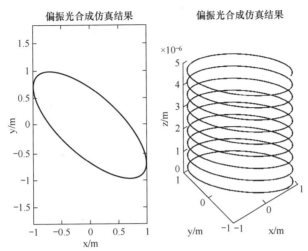

图 6-5　相位差为 $3\pi/4$ 时的偏振光合成仿真结果

当 $\delta=\alpha_1-\alpha_2=\pi$ 时，偏振光合成仿真结果如图 6-6 所示。

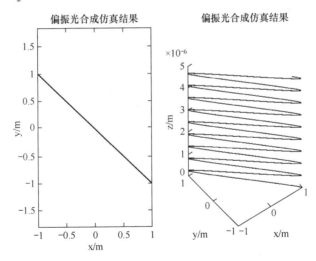

图 6-6　相位差为 $\pi$ 时的偏振光合成仿真结果

当 $\delta=\alpha_1-\alpha_2=5\pi/4$ 时，偏振光合成仿真结果如图 6-7 所示。

当 $\delta=\alpha_1-\alpha_2=3\pi/2$ 时，偏振光合成仿真结果如图 6-8 所示。

当 $\delta=\alpha_1-\alpha_2=7\pi/4$ 时，偏振光合成仿真结果如图 6-9 所示。

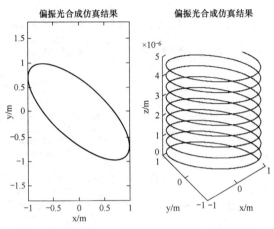

图 6-7　相位差为 5π/4 时的偏振光合成仿真结果

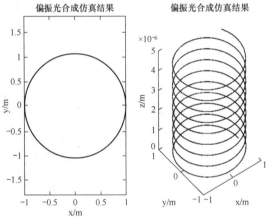

图 6-8　相位差为 3π/2 时的偏振光合成仿真结果

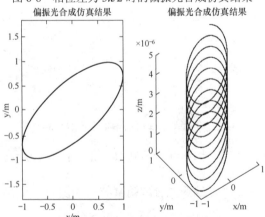

图 6-9　相位差为 7π/4 时的偏振光合成仿真结果

从上述仿真结果中可以得出以下结论。

当相位差为 0 或者 π 时，两列线偏振光合成的结果仍然是线偏振光，光矢量末端的运动轨迹是一根直线。

当相位差为 π/2 或者 3π/2 时，两列线偏振光合成的结果是圆偏振光；当相位差是其他值时，两列线偏振光合成的结果为椭圆偏振光，且当 $\sin\delta$ 大于 0 时，两列线偏振光合成的结果为左旋偏振光，当 $\sin\delta$ 小于 0 时，两列线偏振光合成的结果为右旋偏振光。

# 6.3　平行偏振光干涉

### 1. 背景知识

在第 4 章对光的干涉讨论中，大家知道干涉的条件是两列光的频率相同、振动方向相同且具有固定的相位差。因此，两列振动方向相互垂直的线偏振光，即使满足了频率相同、具有固定相位差的条件也不能发生干涉，但是如果在两列线偏振光之间放一个偏振片，使得它们在沿着偏振片透光轴的振动分量在同一个方向，则这两列线偏振光之间便可以产生干涉。

建立平行偏振光干涉模型，如图 6-10 所示。

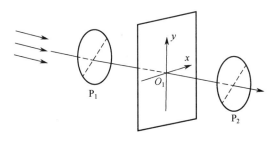

图 6-10　平行偏振光干涉模型

在图 6-10 中，$P_1$ 和 $P_2$ 分别为起偏器和检偏器，平行偏振光垂直通过放在两个偏振器（起偏器和检偏器）之间的平行平面晶片。设 $P_1$ 和 $P_2$ 的透光轴与 $x$ 轴的夹角分别为 $\alpha$ 和 $\beta$，平行平面晶片的厚度为 $d$，$n_o$ 和 $n_e$ 分别是 o 光和 e 光的

折射率。那么沿着 $P_1$ 透光轴的两个分量分别为

$$E_1 = A\cos\alpha\cos\beta \tag{6.6}$$

$$E_2 = A\sin\alpha\sin\beta e^{i\delta} \tag{6.7}$$

其中：

$$\delta = \frac{2\pi}{\lambda}|n_o - n_e|d \tag{6.8}$$

这两个分量由于沿着同一个振动方向，所以可以产生干涉，其干涉光强为

$$I = A^2\cos^2(\alpha - \beta) - A^2\sin 2\alpha\sin 2\beta\sin^2\frac{\delta}{2} \tag{6.9}$$

当设置 $P_1$ 和 $P_2$ 的透光轴相互垂直时，干涉光强变为

$$I = A^2\sin^2 2\alpha\sin^2\frac{\delta}{2} \tag{6.10}$$

可以根据式（6.10）在 MATLAB 中对平行偏振光的干涉情况进行仿真。

### 2. 动手实践

在 MATLAB 代码中，设定参数，建立平面直角坐标系。设定 o 光的折射率为 1.666、e 光的折射率为 1.466、平行平面晶片的厚度为 2mm、入射光的波长为 500nm。计算直角坐标系上每个点处的干涉光强并画图。

MATLAB 代码如下。

```
clear;
l=500*(1e-9);          %入射光的波长
d=2*(1e-3);            %平行平面晶片的厚度
D=1;                  %离接收屏的距离
n0=1.666;             % o 光折射率
ne=1.466;             % e 光折射率
ymax=0.1;
```

```
N=100;
a=pi/4;
x=linspace(−ymax,ymax,N);    %建立平面直角坐标系
y=linspace(−ymax,ymax,N);    %建立平面直角坐标系
[x,y]=meshgrid(x,y)      ;    %建立平面直角坐标系
r1=sqrt((y−d/2).^2+D^2);
r2=sqrt((y+d/2).^2+D^2);
I=sin(2*a).^2*sin((n0−ne)*pi*(r2−r1)/l).^2;


NClevels=255;


figure(1);
subplot(1,2,1);
pcolor(x,y,I);
shading interp;
colormap(gray(NClevels));
title('平行偏振光干涉图形');
subplot(1,2,2);
plot(I,y);
title('平行偏振光干涉光强曲线');
```

### 3. 结果讨论

运行 MATLAB 代码，观察仿真结果，如图 6-11 所示。

在图 6-11 中，干涉条纹整体呈明暗相间的分布，类似于之前研究的杨氏双缝干涉，条纹是一条一条平行的直线。

修改 MATLAB 代码中的参数，增大平行平面晶片的厚度 $d$ 为 4mm，其余条件均保持不变，运行 MATLAB 代码，观察平行平面晶片厚度增大后的仿真结果，如图 6-12 所示。

对比图 6-11 和图 6-12 可以发现，增大平行平面晶片厚度之后，干涉条纹

的整体形状并未发生改变，仍然为明暗相间的直条纹，但是平行平面晶片厚度增大之后，明暗条纹的间距增大，类似于之前研究的等厚干涉条纹。

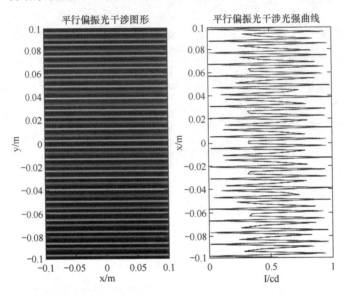

图 6-11　平行偏振光干涉仿真结果

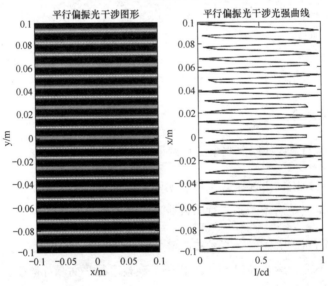

图 6-12　增大平行平面晶片厚度的平行偏振光干涉仿真结果

再次修改 MATLAB 代码中的参数，将 $\alpha$ 修改为 0，表示此时 $P_1$ 或 $P_2$ 的透光轴与晶体的快轴或慢轴一致。观察此时的平行偏振光干涉仿真结果，如图 6-13 所示。

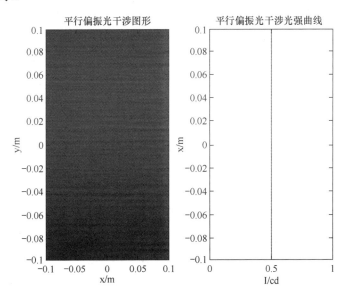

图 6-13 修改 $\alpha$ 为 0 之后的平行偏振光干涉仿真结果

当修改 $\alpha$ 为 0 时，在 $P_1$ 的透光轴上没有光的分量，所以平行偏振光不能发生干涉。理论与仿真的结果吻合，此时接收屏全黑，干涉光强没有变化。

# 6.4 会聚偏振光干涉

## 1. 背景知识

首先建立一个会聚偏振光干涉模型，如图 6-14 所示。

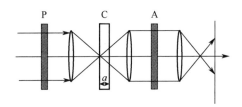

图 6-14 会聚偏振光干涉模型

在图 6-14 中，P 和 A 均为检偏器，它们的透光轴相互垂直；C 为一个单轴晶片，其光轴与晶片的表面垂直。当光从 P 射向 C 时，形成的就是会聚光。此时，沿着晶片的光轴方向传播的光不会发生双折射，而其余方向与晶片的光轴有一定夹角的光都会发生双折射。通过厚度为 $d$ 的晶片后，两束出射光之间的相位差可以表示为

$$\delta = \frac{2\pi}{\lambda}\left|n_{\mathrm{o}} - n_{\mathrm{e}}'\right|\frac{d}{\cos\psi} \tag{6.11}$$

式中，$n_{\mathrm{o}}$ 和 $n_{\mathrm{e}}'$ 分别为与折射角 $\psi$ 的波法线相对应的 o 光和 e 光的折射率；$\psi$ 为 o 光和 e 光相应的平均折射角。

当两个检偏器 P 和 A 的透光轴相互垂直时，会聚偏振光干涉光强为

$$I_{\perp} = I_0 \sin^2 2\alpha \sin^2 \frac{\pi\left|n_{\mathrm{o}} - n_{\mathrm{e}}'\right|d}{\lambda\cos\psi} \tag{6.12}$$

由式（6.12）可以推测出会聚偏振光干涉图形的特点。首先，会聚偏振光干涉光强与折射角有关；折射角相同的光在晶片中通过的路程相等，光程差也相等，形成的是一圈圈明暗相间的圆形条纹。其次，会聚偏振光干涉光强还与两个检偏器 P 和 A 的透光轴的夹角 $\alpha$ 有关，并决定于 $\sin^2 2\alpha$ 的值。

### 2. 动手实践

在 MATLAB 代码中，首先设定参数，将波长定为 550nm，$n_{\mathrm{o}}$ 和 $n_{\mathrm{e}}'$ 分别是 o 光和 e 光的折射率，$d$ 为晶片厚度，然后建立直角坐标系，计算每个点处偏振光的相位差，代入式（6.12）中计算会聚偏振光干涉光强。

MATLAB 代码如下。

```
clear;
lambda=550e-9;
d=0.005;
xmax=0.15;
```

```
N=600;
ne=1.4864;
no=1.6584;
f=1;
x=linspace(−xmax,xmax,N);
y=x';
X=repmat(x,N,1);
Y=repmat(y,1,N);
r=sqrt(X.^2+Y.^2);
theta=atan(r./f);
psi=asin(2*sin(theta)./(ne+no));
delta=pi*(no−ne)*d./(lambda.*cos(psi));
alpha=atan(Y./X);
I=sin(2*alpha).^2.*sin(delta).^2;%会聚偏振光干涉强度公式
% I=max(max(I))−I;
I(r>0.13)=0;
image(x,y,I*500);
colormap(gray);
xlabel('x/m');ylabel('y/m');
title('会聚偏振光干涉仿真结果');
```

### 3．结果讨论

在 MATLAB 代码中，设定参数，晶片厚度设定为 1cm，波长设定为 550nm，o 光的折射率为 1.658 4，e 光的折射率为 1.486 4。运行 MATLAB 代码，得到的仿真结果如图 6-15 所示。由式（6.12）可知，会聚偏振光的干涉光强和光的入射方向有关，入射角相同的光在晶片中通过的路程相等，o 光和 e 光的光程差也相等，在接收屏上形成的是类似于等倾干涉的明暗相间的圆形条纹。这个光程差随着入射角的增大而非线性增大，圆形条纹中间疏、边缘密。会聚偏振光干涉同时还与入射面相对于正交检偏器透光轴的方位角有关，所以在其干涉图形中呈现出一个暗十字刷图形。

修改 MATLAB 代码中的参数，减小晶片厚度为 5mm，其他参数均不改变，运行 MATLAB 代码，观察减小晶片厚度后的会聚光干涉仿真结果，如图 6-16 所示。

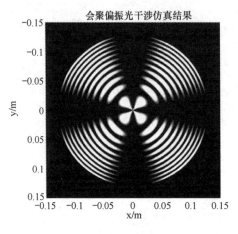

图 6-15 会聚偏振光干涉仿真结果

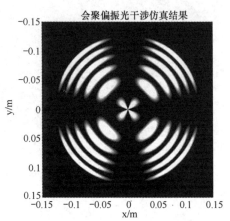

图 6-16 减小晶片厚度后的会聚偏振光干涉仿真结果

从图 6-16 中可以看到，减小晶片厚度之后，干涉图形整体形状并未改变，仍然为一圈一圈的明暗相间的圆形条纹和一个暗十字刷图形的叠加，与图 6-15 的不同点在于圆形条纹的数目减少，圆形条纹之间的间距变大，这与等倾干涉实验中减小平板玻璃厚度时的变化相同，进一步验证所形成的明暗相间的圆形条纹为等倾干涉条纹。

# 第 7 章　傅里叶光学

傅里叶光学是现代光学的一个分支，由 20 世纪中叶的人们将信号分析中的理论引入光学中逐渐形成。在通信理论中，如果要研究线性网络是怎样收集和传输电信号的，就要采用线性理论和傅里叶频谱分析的方法。在光学领域中，光学系统就是一个线性系统，也可以采用傅里叶变换的理论来研究。

傅里叶光学的应用领域包括空间滤波、光学的信息处理和傅里叶光谱的研究等。傅里叶光学所讨论的仍然是有关于光波的传播、叠加和成像等现象的规律。在光学中引入信号分析中的傅里叶变换之后，我们可以对这些现象的内在规律获得更深入的理解。

## 7.1　平面波的复振幅

傅里叶光学的主要研究对象是光波。光波的基本物理量为光波的复振幅和光强的空间频率。频率本来是在时间上的一个概念，一般指的是随着时间做正弦或余弦变化的信号在单位时间内重复的次数，而这里将频率拓展到空间域中。空间频率可以表示随着空间呈正弦或余弦分布的物理量在单位长度内重复的次数。在空间中，沿着波矢量 $k$ 方向传播的平面波如图 7-1 所示。

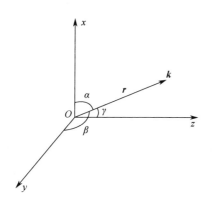

图 7-1　沿着波矢量 $k$ 方向传播的平面波

在空间中，沿着波矢量 $k$ 传播的平面

波的表达式为

$$E = A\cos(kr - \omega t) \tag{7.1}$$

$kr$ 不同的取值就决定了平面波的波面在空间中不同的位置，其中 $k=kk_0$。设波矢量 $k$ 的方向余弦分别为 $\cos\alpha$、$\cos\beta$ 和 $\cos\gamma$，则平面上任意一点 $P$ 的坐标为 $x$、$y$、$z$，则式（7.1）可以写为

$$E = A\cos(k(x\cos\alpha + y\cos\beta + z\cos\gamma) - \omega t) \tag{7.2}$$

式（7.2）为实数形式的表达式，可以将其写成复数的形式，即

$$E = A\exp\left[i(kr - \omega t)\right] \tag{7.3}$$

式（7.1）实际上是式（7.3）的实数部分，即可以用复数形式的表达式来表示平面波。对复数形式的表达式进行线性运算后再取实数部分与对余弦函数的表达式进行同样运算得到的结果相同。

对式（7.3）可以分解为

$$E = A\exp(ikr) \cdot \exp(-i\omega t) \tag{7.4}$$

式中，$\exp(ikr)$ 为空间相位因子；$\exp(-i\omega t)$ 为时间相位因子。把振幅和空间相位因子的乘积称为复振幅，即

$$\tilde{E} = A\exp(ikr) \tag{7.5}$$

空间相位因子表示某一时刻光波在空间中的分布，即光波的振幅和相位随着空间而变化；时间相位因子则表示光波的振幅和相位随着时间而变化。两者相乘即可表示一个波函数。在讨论光的干涉和衍射等问题时，只考察某一时刻简谐波的空间分布，时间相位因子看成一个常数，可以使用复振幅来表达一个简谐光波。

## 7.2　傅里叶光学常用函数

### 1. 背景知识

傅里叶光学是将信号分析中的理论引入光学而逐渐形成的，即将光看成携带信息的信号，通过对信号的处理来进行光学系统分析。在傅里叶光学中有一些常用的函数，用来描述各种物理量。一些复杂的信号往往分解成常用的简单信号，再用来求得最终的响应。

常用函数主要有阶跃函数、符号函数、矩形函数、三角函数、sinc 函数、高斯函数、δ 函数和梳状函数。

阶跃函数在 $x=0$ 处间断，$x>0$ 处与原函数相乘则保留原函数，$x<0$ 处与原函数相乘则将原函数变为 0，起到一个"开关"的作用。阶跃函数定义为

$$\mathrm{step}(x)=\begin{cases}1, & x>0 \\ 1/2, & x=0 \\ 0, & x<0\end{cases} \tag{7.6}$$

符号函数用于表示函数的符号，$x>0$ 时其值为 1，$x<0$ 时其值为 $-1$，$x=0$ 时其值为 0。符号函数定义为

$$\mathrm{sgn}(x)=\begin{cases}1, & x>0 \\ 0, & x=0 \\ -1, & x<0\end{cases} \tag{7.7}$$

矩形函数以原点为中心，宽度为 $a$，高度为 1。可以通过将矩形函数与原函数乘积来将原函数限定在一个矩形区域内，起到截取的作用。矩形函数定义为

$$\mathrm{rect}\left(\frac{x}{a}\right)=\begin{cases}1, & \left|\dfrac{x}{a}\right|\leqslant\dfrac{1}{2} \\ 0, & \text{其他}\end{cases} \tag{7.8}$$

三角函数因为其图像类似一个三角形而得名。三角函数以原点为中心，是一个底边宽度为 $2a$ 的三角形。三角函数定义为

$$\text{tri}\left(\frac{x}{a}\right) = \begin{cases} 1-\left|\dfrac{x}{a}\right|, & |x| \leqslant a \\ 0, & \text{其他} \end{cases} \tag{7.9}$$

sinc 函数在原点处有极大值，并有无数个零点，常用来描述狭缝或者矩孔的夫琅禾费衍射图形。sinc 函数定义为

$$\text{sinc}\left(\frac{x}{a}\right) = \frac{\sin\dfrac{\pi x}{a}}{\dfrac{\pi x}{a}} \tag{7.10}$$

高斯函数在原点处有极大值为 1，常用来描述激光器发出的高斯光束。高斯函数定义为

$$\text{Gaus}\left(\frac{x}{a}\right) = \exp\left[-\pi\left(\frac{x}{a}\right)^2\right] \tag{7.11}$$

圆域函数的图像呈圆柱形，底面圆的半径为 $r_0$，高度为 1。圆域函数通常用来表示圆孔的透过率，以约束透镜的大小。圆域函数定义为

$$\text{circ}\left(\frac{\sqrt{x^2+y^2}}{r_0}\right) = \begin{cases} 1, & \sqrt{x^2+y^2} \leqslant r_0 \\ 0, & \text{其他} \end{cases} \tag{7.12}$$

$\delta$ 函数又称冲激函数，在原点之外的值恒为 0，而在原点附近无限小的范围内的积分结果为 1。$\delta$ 函数常常可以用来表示对信号的抽样处理，也可以用来代表点质量、点电荷、点脉冲和点光源等高度集中的物理量，只是一个理想化的函数，在生活中并不存在这样的实际物体。$\delta$ 函数定义为

$$\begin{cases} \delta(x,y) = 0, & x \neq 0 \text{或} y \neq 0 \\ \iint \delta(x,y)\mathrm{d}x\mathrm{d}y = 1 \end{cases} \tag{7.13}$$

梳状函数由无数个 $\delta$ 函数沿着 $x$ 轴等间隔分布形成，可以表示对一个信号等间隔的抽样，在光学上则常常表示点光源的阵列。梳状函数定义为

$$\text{comb}(x) = \sum_{n=-\infty}^{\infty} \delta(x-n) \tag{7.14}$$

**2. 动手实践**

通过 MATLAB 代码可以画出这些常用函数的图像，方便我们理解它们在傅里叶光学中的作用。

MATLAB 代码如下。其中，包含了绘制上述函数图像的 MATLAB 代码。可以选择其中一段单独运行或者将其余 MATLAB 代码变为注释内容。

```
%绘制阶跃函数的图像
clc;
close all;
x=-2:0.01:2;
y=heaviside(x);
plot(x,y);
axis([-2 2 -1 2]);
xlabel('x');ylabel('y');
title('阶跃函数的图像');

%绘制符号函数的图像
clc;
close all;
x=-2:0.01:2;
y=sign(x);
plot(x,y);
axis([-2 2 -2 2])
xlabel('x');ylabel('y');
title('符号函数的图像');

%绘制矩形函数的图像
```

```
clc;
close all;
x=−2:0.01:2;
y=1.*(x>=−0.5&x<0.5)+0.*(x>=0.5&x<0.5);
plot(x,y);
axis([−2 2 −1 2])
xlabel('x');ylabel('y');
title('矩形函数的图像');

%绘制三角函数的图像
clc;
close all;
x=−2:0.01:2;
y=(2*x+1).*(x>=−0.5&x<0)+( −2*x+1).*(x>=0&x<0.5)+0.*(x>=0.5&x<0.5);
plot(x,y);
axis([−2 2 −1 2]);
xlabel('x');ylabel('y');
title('三角函数的图像');

%绘制 sinc 函数的图像
clc;
close all;
x=−5:0.01:5;
y=sin(pi.*x)./pi./x+1*(x==0);
plot(x,y);
axis([−5 5 −1 2]);
xlabel('x');ylabel('y');
title('sinc 函数的图像');

%绘制高斯函数的图像
clc;
close all;
x=−2:0.01:2;
y=exp(−pi.*x.*x);
plot(x,y);
```

```
axis([−2 2 −1 2]);
xlabel('x');ylabel('y');
title('高斯函数的图像');

%绘制圆域函数的图像
clc;
close all;
x=−2:0.01:2;
y=−2:0.01:2;
[X,Y]=meshgrid(x,y);
z=1.*((X.^2+Y.^2)<1);
mesh(X,Y,z);
xlabel('x');ylabel('y'),zlabel('z');
title('圆域函数的图像');

%绘制 zeta 函数（冲激函数）的图像
clc;
close all;
x=−2:0.01:2;
y=dirac(x);
y=1.5.*sign(y);
plot(x,y);
axis([−2 2 −1 2]);
xlabel('x');ylabel('y');
title('冲激函数的图像');

%绘制梳状函数的图像
clc;
close all;
x=−2.5:0.01:2.5;
y=dirac(x)+dirac(x+1)+dirac(x−1)+dirac(x+2)+dirac(x−2);
y=1.5.*sign(y);
plot(x,y);
axis([−2.5 2.5 −1 2]);
```

```
    xlabel('x');ylabel('y');
    title('梳状函数的图像');
```

分别运行 MATLAB 代码，可以画出这些常用函数的图像，如图 7-2 所示。

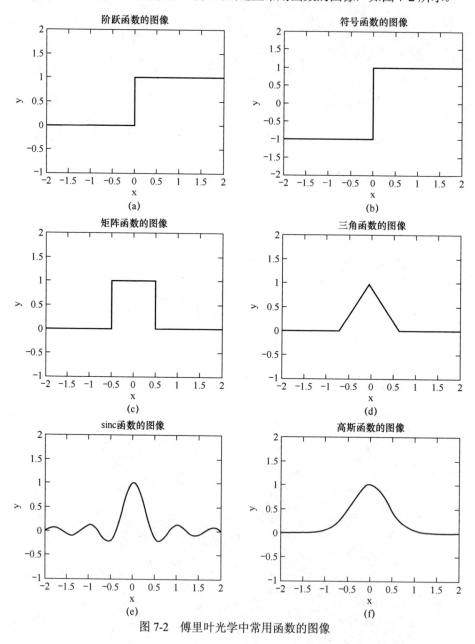

图 7-2　傅里叶光学中常用函数的图像

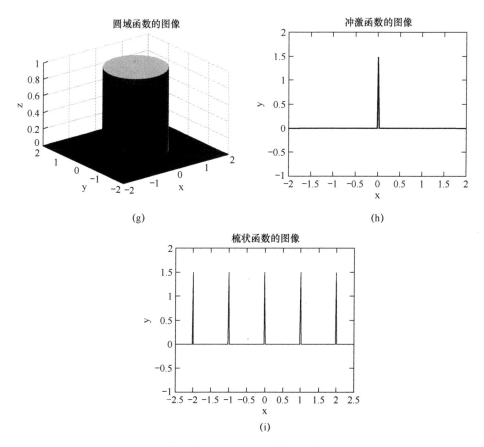

图 7-2　傅里叶光学中常用函数的图像（续）

# 7.3　透镜的傅里叶变换性质

### 1. 背景知识

光学成像系统本质上是一个信息传递系统，即光波携带着图像的信息，从物平面经过透镜和传输介质到像平面。光学成像系统输出图像的质量直接取决于光学成像系统的传递特性。光学成像系统中最重要的部分是透镜。透镜可以实现光波的折射和反射，由此影响光学成像系统的成像特性。本节主要讨论透镜的相位调制作用和傅里叶变换性质。

我们使用复振幅的方法研究透镜对入射光波前的作用。首先引入透镜的复振幅透过率 $t_l(x,y)$，其定义为紧靠透镜后的光场复振幅与紧靠透镜前的光场复振幅之比，即

$$t(x,y) = \frac{U_l'(x,y)}{U_l(x,y)} \tag{7.15}$$

给出会聚透镜对一个点光源成像的示意图，如图 7-3 所示。

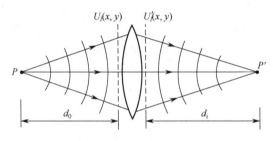

图 7-3　会聚透镜对点光源成像

点 $P$ 表示点光源，其发出的发散球面波到达紧靠透镜前的复振幅为

$$U_l(x,y) = A\exp(\mathrm{j}kd_0)\exp\left[\mathrm{j}\frac{k}{2d_0}\left(x^2+y^2\right)\right] \tag{7.16}$$

式中，$A$ 为振幅；$d_0$ 为光源到透镜的距离。考虑到薄透镜和傍轴近似的条件，可忽略透镜对光波振幅的影响。向 $P'$ 点会聚的单色球面波在紧靠透镜后的复振幅为

$$U_l'(x,y) = A\exp(-\mathrm{j}kd_i)\exp\left[-\mathrm{j}\frac{k}{2d_i}\left(x^2+y^2\right)\right] \tag{7.17}$$

由此，可以计算得出透镜的复振幅透过率为

$$t_l(x,y) = \frac{U_l'(x,y)}{U_l(x,y)} = \exp\left[-\mathrm{j}\frac{k}{2}\left(x^2+y^2\right)\left(\frac{1}{d_i}+\frac{1}{d_0}\right)\right] \tag{7.18}$$

式（7.18）中略去了常量相位变换，因为其不会影响空间分布。

根据成像的高斯公式：

$$\frac{1}{d_i} + \frac{1}{d_0} = \frac{1}{f} \tag{7.19}$$

透镜的复振幅透过率可以表示为

$$t_l(x,y) = \frac{U_l'(x,y)}{U_l(x,y)} = \exp\left[-j\frac{k}{2f}\left(x^2 + y^2\right)\right] \tag{7.20}$$

因为透镜本身有厚度变化，使得入射光波通过透镜时，各处走过的光程不同，即所受到的相位延迟不同，因此透镜能够对一个入射光波施加相位调制的作用。这也是透镜能够实现傅里叶变换的原因。接下来通过公式推导，具体讨论透镜的傅里叶变换作用，讨论的光路如图 7-4 所示。

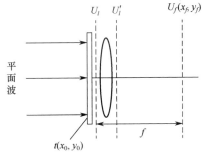

图 7-4　物体放置在透镜前方的光路

假定物体的复振幅透过率为 $t(x_0, y_0)$，平面波的振幅为 $A$，那么当用单色平面波垂直照射物体时，物体的透射光场，也即紧贴透镜前的光场为

$$U_l(x,y) = At(x,y) \tag{7.21}$$

经过透镜之后，紧贴透镜后的光场复振幅为

$$U_l'(x,y) = U_l(x,y) \cdot t_l(x,y) = At(x,y)\exp\left[-j\frac{k}{2f}\left(x^2 + y^2\right)\right] \tag{7.22}$$

光波从透镜传播 $f$ 距离到达后焦平面上的光场可根据菲涅耳衍射公式计算为

$$U_f\left(x_f, y_f\right) = \frac{A}{j\lambda f}\exp(j\frac{k}{2f}\left(x^2 + y^2\right) \cdot \mathcal{F}\{t(x,y)\} \tag{7.23}$$

其中，$\mathcal{F}\{t(x,y)\}$ 是透镜复振幅透过率的傅里叶变换，其意义为透镜后焦平面上的光场正比于物体的傅里叶变换，但是由于乘有一个相位因子

$\exp\left[\mathrm{j}\dfrac{k}{2f}\left(x^2+y^2\right)\right]$，这种变换并不是准确的。在记录和测量时我们观察到的都是平面上的光强分布，这个相位对于光强的记录没有影响，后焦平面上的光强分布是物体的功率谱。

### 2．动手实践

编写 MATLAB 代码来模拟光波传播的过程。首先假定一个平面波，然后让其通过一个物体（代表发生衍射的物体），再让该物体通过透镜成像在后焦面上，观察后焦平面上的光强分布，即衍射图形。

MATLAB 代码如下。

```
clc;
clear all;
L1=0.5;
M=250;
dx1=L1/M;
x1=-L1/2:dx1:L1/2-dx1;
y1=x1;


%光参数
lambda=0.5*10^-6;
k=2*pi/lambda;
w=0.025;
f=0.25;
[X1,Y1]=meshgrid(x1,y1);
u1=rect(X1).*rect(Y1);
P=1.*((X1.^2+Y1.^2)<(w/2)^2);

%衍射过程
[u2,L2]=propFF(u1,L1,lambda,f,P);
I1=abs(u2.^2);
```

```
dx2=L2/M;

x2=−L2/2:dx2:L2/2−dx2;

y2=x2;

figure(1);

imagesc(x2,y2,nthroot(I1,3));%stretch image contrast


axis square; axis xy;

colormap('gray'); xlabel('x/m'); ylabel('y/m');

title('z= 0 m');


function[out]=rect(x)

out=abs(x)<=1/2;

end


function[u2,L2]=propFF(u1,L1,lambda,z,P)

[M,N]=size(u1);              %计算光场的大小

dx1=L1/M;                    %光源采样间隔

k=2*pi/lambda;               %波数

%

L2=lambda*z/dx1;             %接收屏范围

dx2=lambda*z/L1;             %接收屏采样间隔

x2=−L2/2:dx2:L2/2−dx2;       %生成接收屏上的坐标轴

[X2,Y2]=meshgrid(x2,x2);

%

c=1/(j*lambda*z)*exp(j*k/(2*z)*(X2.^2+Y2.^2));

u2=c.*ifftshift(fft2(fftshift(u1)))*dx1^2;

end
```

该 MATLAB 代码模拟了当透镜前方不放任何物体且假设透镜为无穷大时，平面波垂直入射透镜之后，后焦平面上的成像情况。后焦平面上的光强分布仿真结果如图 7-5 所示。

由几何光学可知，平面波垂直入射凸透镜时，会在焦平面上聚焦成一个光点，反映了透镜的相位调制作用。图 7-5 所示的仿真结果与理论结果吻合。

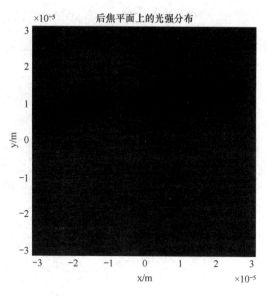

图 7-5　后焦平面上的光强分布仿真结果

## 3. 结果讨论

在透镜的前方放上不同的物体，当用平面波照射不同的物体之后，应该出现不同的衍射图形。接下来对 MATLAB 代码进行修改，讨论在透镜前紧贴一个矩孔的情况和考虑透镜的实际尺寸的情况。

如果紧贴透镜前放置一个矩孔，则要将入射波面函数与一个矩形函数乘积，即可模拟平面波先经过矩孔再通过透镜之后在焦平面上形成的光强分布，如图 7-6 所示。

得到的光强分布类似于矩孔夫琅禾费衍射图形，反映出透镜的傅里叶变换作用。

上述讨论过程中均没有对透镜的实际尺寸加以考虑，而在实际生活中，透镜本身是有大小的。透镜的大小由一个圆域函数加以限制，用以表示在这个圆的范围内才存在透镜，而这个圆的范围外光波则不能通过，因此需要在傅里叶变换处多乘一个圆域函数。修改 MATLAB 代码并运行，得到考虑透镜实际尺寸后焦平面上的光强分布，如图 7-7 所示。

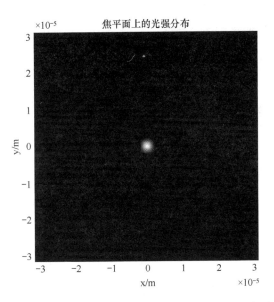

图 7-6　透镜前放置矩形孔时焦平面上的光强分布仿真结果

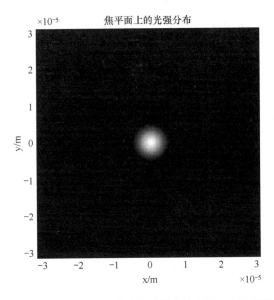

图 7-7　考虑透镜实际尺寸后焦平面上的光强分布仿真结果

图 7-7 中的光强分布既不同于圆孔夫琅禾费衍射图形，也不同于矩孔夫琅禾费衍射图形，而是两者的结合，是共同考虑了两个因素之后的衍射结果，充分说明了透镜的实际尺寸对于光波传播过程的影响，也正是因为透镜尺寸影

响，光学成像系统往往要考虑透镜的衍射效应，通过设计透镜的大小等参数来尽可能提高光学成像系统的分辨率。

# 7.4　衍射的傅里叶变换分析

## 1. 背景知识

第 5 章介绍了各种衍射现象，其中包含单缝衍射、矩孔衍射、圆孔衍射及光栅衍射，并且在 MATLAB 中进行了仿真，得到了这些常见的衍射仿真结果。

衍射通常分为两类，分别是菲涅耳衍射和夫琅禾费衍射。菲涅耳衍射是接收屏和衍射屏之间的距离不是太远时所观察到的衍射现象。夫琅禾费衍射是光源和接收屏距离衍射屏都相当于无限远时的衍射现象。夫琅禾费衍射的计算公式相对简单，而且在现代光学和光学成像系统的理论中具有重要的意义，因此下面侧重讨论夫琅禾费衍射。

1690 年，惠更斯提出了惠更斯原理用于解释波在空间中的传播机制，假设波阵面上的每个点都可以看成一个次级扰动中心，这个次级扰动中心可以发出球面子波，在后一个时刻这些子波所形成的包络面就是新的波阵面。利用惠更斯原理可以说明衍射现象的存在，但是不能确定光波通过衍射孔径之后的光强分布。

在菲涅耳研究了光的干涉之后，考虑到惠更斯提出假设中的子波来自同一个波阵面，那么这些子波应该是相干的，因此波前外的任何一点的合振动应该是波前上的所有子波进行相干叠加的结果，并以此对惠更斯原理进行补充，最终得到惠更斯-菲涅耳原理，即波阵面上的每一个点都可以看成一个次级扰动中心，每一个次级扰动中心都会发出球面子波，因为这些次级扰动中心来自同一个波阵面，所以这些球面子波是相干的，波前外的任何一点的光振动应该是波前上的所有子波相干叠加的结果。以此为依据便可定量地分析衍射问题。

根据惠更斯-菲涅耳原理，可以写出其表达式为

$$\tilde{E}(P)=C\tilde{E}_Q\iint\limits_{\Sigma}\frac{\exp(ikr)}{r}K(\theta)\mathrm{d}\sigma \tag{7.24}$$

式中，$\tilde{E}_Q=\dfrac{A}{R}\exp(ikR)$。

原则上，通过式（7.23）可以计算任意形状的圆形或者屏障的衍射光场，只要完成对波面积分，即可得到接收屏上任意一点 $P$ 处的光场，但是在一般情况下对波面积分计算起来很困难，只有在某些简单情形时才能精确的求解。

对于夫琅禾费衍射，当接收屏与发生衍射的图形距离很远时，可以对菲涅耳公式做进一步近似处理，得到夫琅禾费衍射的复振幅为

$$\tilde{E}(x,y)=\frac{\exp(ikz_1)}{i\lambda z_1}\exp\left[\frac{ik}{2z_1}(x^2+y^2)\right]\iint\limits_{\Sigma}\tilde{E}(x_1,y_1)\exp\left[-\frac{ik}{z_1}(xx_1+yy_1)\right]\mathrm{d}x_1\mathrm{d}y_1$$

$$\tag{7.25}$$

可以采用傅里叶变换的方法，通过频率域中的分析来讨论衍射问题，对上述公式中的 $\tilde{E}(x_1,y_1)$ 进行傅里叶变换就可以得到夫琅禾费衍射图形。

### 2. 动手实践

在 MATLAB 中建立平面直角坐标系，设定好衍射的各项参数，对衍射之后的接收屏上各点计算光强，最后得到衍射图形。我们将分别展示矩孔衍射和圆孔衍射的仿真结果。

MATLAB 代码如下。

```
clc;
clear all;
L1=0.5;
```

```
M=250;
dx1=L1/M;
x1=-L1/2:dx1:L1/2-dx1;
y1=x1;

%光参数
lambda=0.5*10^-6;
k=2*pi/lambda;
w=0.011;
z=200;
[X1,Y1]=meshgrid(x1,y1);
u1=rect(X1/(2*w)).*rect(Y1/(2*w));

%衍射过程
[u2,L2]=propFF(u1,L1,lambda,z);
I1=abs(u2.^2);
dx2=L2/M;
x2=-L2/2:dx2:L2/2-dx2;
y2=x2;
figure(1);
imagesc(x2,y2,nthroot(I1,3));

axis square; axis xy;
colormap('gray'); xlabel('x/m'); ylabel('y/m');

function[out]=rect(x)
out=abs(x)<=1/2;
end

function[u2,L2]=propFF(u1,L1,lambda,z)
[M,N]=size(u1);
dx1=L1/M;
```

```
k=2*pi/lambda;
%
L2=lambda*z/dx1;
dx2=lambda*z/L1;
x2=-L2/2:dx2:L2/2-dx2;
[X2,Y2]=meshgrid(x2,x2);
%
c=1/(j*lambda*z)*exp(j*k/(2*z)*(X2.^2+Y2.^2));
u2=c.*ifftshift(fft2(fftshift(u1)))*dx1^2;
end
```

首先设定一个矩孔，只有孔中心才能通过平面波，接着模拟夫琅禾费衍射的过程，也就是傅里叶变换与反傅里叶变换的过程，最终得到矩孔夫琅禾费衍射图形如图 7-8 所示。

图 7-8　矩孔夫琅禾费衍射图形

修改图形为圆形，将 MATLAB 代码中的

```
u1=rect(X1/(2*w)).*rect(Y1/(2*w));
```

替换为

```
u1=1.*((X1.^2+Y1.^2)<w^2);
```

相当于改变透过光的孔径，得到圆孔夫琅禾费衍射图形，如图 7-9 所示。

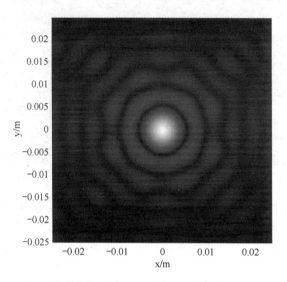

图 7-9　圆孔夫琅禾费衍射图形

还可以通过 MATLAB 代码设置各种不同的图形，从而获得任意图形的夫琅禾费衍射图形。在此不再赘述，读者可自行尝试。

### 3．结果讨论

基于第 5 章对夫琅禾费衍射结果的讨论，减小圆孔的半径，观察夫琅禾费衍射图形如何变化，是否符合第 5 章讨论的结果，之后再对波长进行修改，观察波长改变之后衍射结果的变化并与之前的衍射结果做对比。

减小圆孔半径后的圆孔夫琅禾费衍射图形如图 7-10 所示。

从图 7-10 中可以看出，圆孔半径减小之后，衍射条纹的间距增大，中央亮斑的半径也增大，整体衍射图形的形状仍未改变，与第 5 章关于圆孔衍射的结论相符合。

接着修改矩孔衍射的相关参数，将矩孔的宽度减小，运行 MATLAB 代码，观察减小矩孔宽度后的矩孔夫琅禾费衍射仿真结果的变化。减小矩孔宽度后的矩孔夫琅禾费衍射图形如图 7-11 所示。

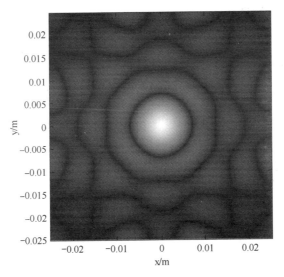

图 7-10　减小圆孔半径后的圆孔夫琅禾费衍射图形

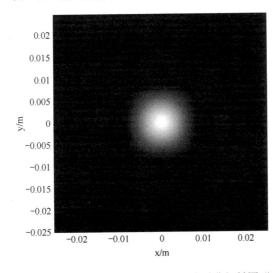

图 7-11　减小矩孔宽度后的矩孔夫琅禾费衍射图形

从图 7-11 中可以看出，衍射图形和之前的衍射图形相类似，中央为一块衍射极大的区域，不同的地方在于中央主极大的区域增大，且条纹的间距变大，同样与第 5 章中的结论符合，由此可以说明衍射的傅里叶变换结果是正确的。

## 7.5 数字全息技术

### 1. 背景知识

全息技术的基本原理是物体反射的光波与参考光波之间发生相干叠加，产生干涉图形，被记录下的这些干涉图形就称为全息图像。全息图像中包含了物体的信息，在一定的条件下便可以重现物体的三维图像。

数字全息指的是通过 CCD（Charge Coupled Device）等光电耦合器件来取代传统的干板记录全息图像，并且由计算机以数字的形式再现物体的形貌。随着计算机技术和高分辨率 CCD 的出现，数字全息技术才慢慢得到发展及应用。数字全息技术包括记录和再现两个过程，记录过程使用 CCD 器件，而再现过程通过计算机模拟光学衍射来实现。

数字全息技术原理如图 7-12 所示。

被记录的物体位于 $\xi\eta$ 平面，记录全息图像的 CCD 则位于 $xy$ 平面，再现的图像位于 $\xi'\eta'$ 平面。在 CCD 上记录到的信息为被记录的物体光场乘上距离 $d$ 而产生

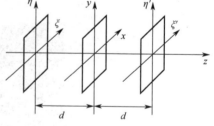

图 7-12　数字全息技术原理

相位差之后傅里叶变换的结果。再现的过程可以通过菲涅耳标量衍射理论进行模拟，对每一部分的衍射结果分别积分即可得到再现的图像。

### 2. 动手实践

在 $\xi\eta$ 平面上放置的是被记录的物体，$xy$ 平面上的信息为其全息图像。如果被记录的物体为硬币，通过输入事先采集的全息图像来重建图像，则首先设置全息图像的尺寸大小，光波的各项参数，之后通过衍射公式，基于傅里叶变换得到重建之后的图像。

MATLAB 代码如下。

```
clc
clear all;
I1=double(imread('coin.bmp'));
[Ny,Nx]=size(I1);
minN=min(Ny,Nx);
I1=I1(1:minN,1:minN);
[Ny,Nx]=size(I1);
Im1=1/(Nx*Ny)*sum(sum(I1));
 I1=I1-Im1;
imagesc(I1);

lambda0=0.514*10^-3;
k0=2*pi/lambda0;
delx=9.8*10^-3;
dely=9.8*10^-3;

nx = [-Nx/2:1:Nx/2-1];
ny = [-Ny/2:1:Ny/2-1]';
X = nx*delx;
Y = ny*dely;
[XX, YY]=meshgrid(X,Y);
d=[700:20:950];
for m=1:1:length(d)
    resolution_mm=lambda0*d(m)/(Nx*delx);
    w=exp(i*pi/(lambda0*d(m))*(XX.^2+YY.^2));
    Rec_image=fftshift(ifft2(I1.*w));
    Mag_Rec_image=abs(Rec_image);
    colormap(gray(256));
    imagesc(nx*resolution_mm,ny*resolution_mm,Mag_Rec_image);
    title('Reconstructed Hologram');
    xlabel('mm');
    ylabel('mm');
    axis([-(Nx/2)*resolution_mm(Nx/2)*resolution_mm -(Ny/2-1)*resolution_mm
        (Ny/2-1)*resolution_mm]);
    title(strcat('重建距离:',num2str(d(m)),'mm'));
    pause(0.5);
end
```

运行 MATLAB 代码，即可得出硬币在不同距离下的重建图像，如图 7-13 所示。

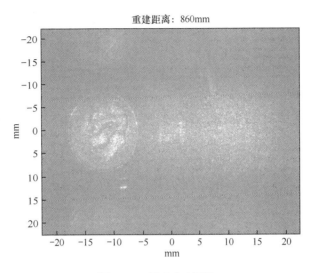

图 7-13　硬币重建图像

实物硬币的照片如图 7-14 所示。

图 7-14　实物硬币的照片

从图 7-13 中可以看到重建的硬币轮廓形状。在重建的过程中，由于涉及 CCD 储存全息图像，需要考虑各种噪声和灰尘等因素，难免产生误差。如果硬币的边缘和轮廓清晰可见，则可以认为硬币重建仿真结果较好。